Den Store Plan

Debatbog om grøn omstilling

Sten Melson er født i 1948, civilingeniør, bygningsretningen, 1972. Har i over 40 år beskæftiget sig med anlægsteknik og IT, primært som rådgivende ingeniør. Pensionist siden 2015. Har beskæftiget sig indgående med klimaforandringer og grøn omstilling og har skrevet kronikker, debatindlæg og læserbreve om emnet siden 2019.

Sten Melson

Den Store Plan

Debatbog om grøn omstilling

Books on Demand, København, Danmark
Februar 2021

Forlag: BoD – Books on Demand, København, Danmark
Tryk: BoD – Books on Demand, Norderstedt, Tyskland

ISBN: 978-87-4303-031-7

Indhold:

Forord

Klimaforandringerne er den største udfordring i menneskehedens historie. Vi har som art kapaciteten til at gøre vores planet ubeboelig for alt andet end éncellede organismer og derved rulle evolutionen flere millioner år tilbage. Det kræver ikke andet, end at vi lader stå til og fortsætter som hidtil i et håb om, at det hele nok ordner sig af sig selv, ligesom det plejer. Det er langt vanskeligere at sikre menneskenes og alle de andre arters overlevelse.

Vores tid er præget af egoisme og grådighed, og oveni det kommer, at vi har opdelt klodens landmasser i nationalstater, der som udgangspunkt ikke føler sig ansvarlige for andet end egne forhold og egne borgeres ve og vel, der sættes over alle andre nationers borgeres og over alle andre arters ve og vel. Og på tværs af dette kommer globaliseringen og digitaliseringen, der har skabt nogle ekstremt magtfulde og velhavende internationale koncerner, der er endnu vanskeligere at styre end nationalstaterne, da de er privat ejede og ikke er underlagt nogen ideologi eller etik, som normalt findes i større eller mindre grad i nationalstaternes grundlove.

Hvis vi ikke får styr på klimaforandringerne, vil et meget stort og stadigt stigende antal mennesker miste deres eksistensgrundlag. Vi kan ikke forvente, at de skal acceptere deres skæbne i stilhed – især fordi vi den vestlige verden har hovedansvaret for, at de er kommet i en umulig situation. Det kan kun ende voldeligt. Folkevandringer og krige. Teknologi mod fattigdom. Alle vil blive tabere.

Vi har med andre ord ikke noget valg: Vi er nødt til at tage opgaven med at bekæmpe klimaforandringerne på os.

Det er ikke nok, at Danmark løser vores del af opgaven. Vi er kun en meget lille brik i det store klimaregnskab. Men det er ikke nogen undskyldning for ikke at gøre noget. Målt i forhold til vores folketal er vi en stor del af problemet. Vi har derfor også en forpligtelse til at være en stor del af løsningen.

Mens vi kan håbe på, at resten af den vestlige verden vil udvise en tilsvarende ansvarlig indstilling, ser det meget anderledes ud i den fattige del af verden. Uligheden i Verden er stor og har været voksende gennem de seneste mange år. For at lykkes med at håndtere klimaforandringerne er det nødvendigt, at vi forstår, at vi ikke kan forvente den samme indsats fra den fattige del af verden som fra den rige – med mindre vi stiller noget af vores overflod til rådighed for fattige lande. Vi skal forstå og handle på, at et menneskeliv i Afrika er lige så vigtigt som vores eget. Det er svært. Vi har alle sammen kæmpet for den rigdom, vi kalder vores egen. Hvorfor give den fra os? Det er imidlertid nødvendigt, hvis vi skal lykkes med projektet med bekæmpelse af klimaforandringerne – og sikre vores børns og børnebørns og menneskehedens og millioner af andre arters overlevelse.

Vi kan og bør give penge til de fattige lande, og vi kan og bør overføre teknologi og viden til dem. Men først og fremmest må vi starte herhjemme. Hvordan skal vi gribe opgaven an? Der er mange gode kræfter, der har arbejdet længe med, hvordan vi skal håndtere klimaforandringerne. Regeringen har nedsat 13 arbejdsgrupper, klimapartnerskaber, hvor forskellige segmenter af erhvervslivet og myndighederne giver deres anbefalinger til, hvordan netop deres sektor kan bidrage. Der er udarbejdet en klimalov, som er en rammelov. Vi står overfor at udarbejde den første klimahandlingsplan, der skal udmønte de aktiviteter, vi skal gennemføre de første 5-10 år af handlingsplanens løbetid. Denne opgave er ekstremt vigtig. Den sætter kursen for de næste 30 års arbejde med grøn omstilling af samfundet.

Der er mange, der byder ind med viden og holdninger på de områder, klimahandlingsplanen skal dække. Der er store økonomiske interesser på spil. Forskningen peger éntydigt på, at klimaforandringerne er menneskeskabte, men når det kommer til måder at håndtere dem på, er der en stor variation i de tanker og initiativer, der søger at slå igennem. Denne lille bog er et input til arbejdet med klimahandlingsplanerne. Selv om den indeholder mange konkrete forslag til handling, giver den sig ikke ud for at være en drejebog for den grønne omstilling men rejser en række spørgsmål, der forhåbentlig vil mane til eftertanke. Hvis det sker, har bogen opfyldt sit mål.

Bogen dækker ikke alle sektorer men er koncentreret omkring energi, forsyning, transport og landbrug. De øvrige sektorer er også væsentlige, men specielt omkring energi, forsyning og transport er der nogle sammenhænge, der kan udnyttes kommercielt og give enorme besparelser i forhold til, hvis hver sektor blot lukker sig inde omkring egne forhold. Denne såkaldte sektorkobling er anerkendt som en hjørnesten i den grønne omstilling og er beskrevet i det følgende.

1. Udgangspunktet

Vi ser allerede resultaterne af menneskeskabte klimaforandringer: Voldsomt uvejr. Afsmeltning af gletchere, Grønlands indlandsis og iskappen samt havisen ved polerne. Klimamodeller forudser, at klimaet vil forværres drastisk ved temperaturstigninger på over 2 grader i forhold til den før-industrielle gennemsnitstemperatur. Tundraen i Sibirien har indlejret enorme mængder af methan i permafrostlagene. Hvis de smelter, vil drivhuseffekten accelerere voldsomt, og store havstigninger vil føre til oversvømmelse af de frugtbare og tætbefolkede floddeltaer og andre lavtliggende arealer. Konsekvenserne for menneskeheden og det meste liv på Jorden vil være helt uoverskuelige og katastrofale. Problemet er, at indholdet af drivhusgasser i atmosfæren er stigende. Det er først og fremmest CO2, der kommer fra afbrænding af fossile brændstoffer, men også methan fra husdyr udgør en stor kilde til indholdet af drivhusgasser i atmosfæren.

Det er klart, at vi bør handle. Men nytter det overhovedet, at et lille land som Danmark gør en indsats? Ja. Der er mindst 3 gode grunde til det:

- Vores udledning af CO2 pr dansker er meget stor sammenlignet med andre lande
- Den grønne omstilling kan på sigt blive en god forretning for Danmark
- Vi kan demonstrere en farbar vej til grøn omstilling

Med en tårnhøj CO2-udledning pr. dansker har vi en forpligtelse til at handle. Det er at udvise ansvarlighed overfor naturen og alle andre lande. Hvis vi undlader at handle eller fejler, og vores CO2-udledning fortsætter med at stige eller blot stagnerer, kan vi ikke forvente nogen solidaritet fra verdenssamfundet, hvis det går galt. En nærliggende løsning er at indføre CO2-afgifter, men regeringens klimapartnerskaber ser ikke dette som en farbar vej, så det er svært at se, at det skulle blive et virkemiddel på kort sigt.

Hvis vi griber mulighederne i den grønne omstilling, vil nogle erhverv opleve fremgang i kraft af eksport af klimateknologi og produkter, mens andre – for eksempel landbruget – vil opleve nedgang i omsætningen (men ikke nødvendigvis i lønsomheden). Men i det omfang vi skaber overskud af varer og tjenesteydelser, som eksporteres, bliver det til underskud i de lande, vi sælger til. En del af denne eksport vil gå til u-lande og dermed øge uligheden mellem i- og u-lande. Ikke at vi skal undlade at skabe og eksportere nye klimaløsninger. Vi skal blot være opmærksomme på, at det øger uligheden i forhold til fattige modtagerlande og dermed modvirker en ønskværdig udligning af uligheden i Verden.

Vi har gode forudsætninger for at få den grønne omstilling til at lykkes: En god infrastruktur, et vidt udbredt fjernvarmesystem, et højt udviklet system til affaldshåndtering og vandrensning, kompetencer omkring biogas, et højt uddannelsesniveau og en velfungerende offentlig administration. Vi har dermed bedre muligheder end de fleste lande for at demonstrere, at den grønne omstilling er mulig, uden at samfundet går i stå af den grund. De erfaringer, vi høster, vil kunne danne basis for salg af viden i udlandet. Så en god indsats vil ikke kun hjælpe os selv men også danne grundlag for at få mindre udviklede lande med på en teknologisk udvikling mod minimal udledning af drivhusgasser.

Den danske regering har sat sig som mål, at den grønne

omstilling ikke må koste noget, idet vi skal fastholde vores vækst og beskæftigelse. Hvis det koster noget, vil andre lande ikke følge efter os, hedder det. Måske kan vi - ligesom med vindmøllerne - lave et overskud om 20-25-30 år, men indtil da er der ingen tvivl om, at det vil koste massive investeringer. Heldigvis er industrien, energisektoren og også private rede til at foretage store, langsigtede investeringer. Hele regningen behøver ikke ende hos det offentlige. Men at forestille sig, at det bliver gratis, er at stikke os alle sammen blår i øjnene. Det er vigtigt, at det offentlige Danmark snarest muligt får en realistisk opfattelse af problemstillingen og melder ud, at vi er rede til at investere i grøn omstilling. Vi kan ikke på forhånd sige, om det er penge, der kommer tilbage, eller om de må afskrives, men dette skal ikke være et kriterium for investering. Vi er nødt til at investere.

Vindmøller er et erhvervseventyr for Danmark, men det er først de seneste år – efter mere end 25 års investeringer og udviklingsarbejde – at det er begyndt at give overskud. Modsat vindmøller vil de fleste af de komponenter, der skal anvendes i den grønne omstilling, blive produceret udenfor Danmark – køretøjer, elektrolyseanlæg, solcellepaneler m.v. Vi har ikke industri til at løfte disse opgaver. Men der ligger en stor og vanskelig opgave i at få det hele til at spille sammen i et moderne samfund. Der skal også udvikles masser af specialkomponenter, som dansk industri vil have størrelsen til at lave. Så der er masser af forretningsmuligheder i den grønne omstilling. Man bør dog være forsigtig med at tro, at der ligger et nyt vindmølleeventyr lige foran næsen af os – og det er direkte hasarderet at forudsætte, at de næste 20-30 års investeringer kan dækkes af indtægter, der måske kommer efter 2050! Vi må investere nu, med den risiko, det indebærer, og så glæde os til den tid, hvis investeringerne ad åre giver et positivt afkast.

Danmark har tilsluttet sig Paris-aftalens mål om at holde temperaturstigningen på under 1,5 eller maksimum 2 grader. Den danske klimalov fastsætter et reduktionsmål på 70% i 2030 målt i forhold til CO2-udledningen i 1990 og et totalt fossilfrit samfund i 2050. Under klimaloven ligger klimahandlingsplaner, der udmønter klimalovens hensigter i konkrete handlinger. Den første klimahandlingsplan skulle være kommet i 2020. Handlingsplanerne dækker 10 år og revideres hvert femte år.

Klimarådet, som er regeringens rådgivningsorgan om klima, anbefaler, at vi reducerer CO2-udledningen til 50-54% i 2025, og de anviser veje til at nå målet[1].

Regeringen har nedsat 13 klimapartnerskaber, der i marts 2020 har afleveret deres bud på, hvad de 13 omhandlede sektorer kan gøre for at reducere klimaaftrykket frem mod 2030[2]. Nærværende bog dækker ikke alle klimapartnerskabernes sagsområder men har betydeligt overlap med:

- Landtransport og logistik
- Skibsfart
- Luftfart
- Affald, vand og cirkulær økonomi
- Energi- og forsyningssektoren
- Fødevarefremstilling
- Energitung industri
- Produktionsvirksomhed

---

1 https://jv.dk/artikel/klimarådet-vi-skal-skære-co2-med-50-54-procent-i-2025

2 https://www.danskindustri.dk/politik-og-analyser/klimapartnerskaber/

- Life Science og biotek

De fleste af de 13 klimapartnerskaber forholder sig kun til deres "egne" sagsområder. Fra den kant kan der derfor ikke forventes en koordinering, som omtalt i nedenstående kapitel 3. De anbefalinger, der kommer fra klimapartnerskaberne, skal derfor forstås og behandles i lyset af den helhed, som klimapartnerskabets sagsområde blot er en del af. Virkninger udenfor dette sagsområde skal afdækkes og vurderes, inden der kan tages stilling til anbefalingerne.

I Kapitel 2 og 3 afgrænses opgaven med den grønne omstilling og der opstilles en forståelsesramme for arbejdet med grøn omstilling. Herefter følger to kapitler om energifremstilling, -lagring og -distribution. Kapitel 6-9 beskriver forholdene i de 4 mest energitunge sektorer. Kapitel 10 handler om de synergier, der kan uddrages ved at lave koblinger på tværs af sektorerne. Kapitel 11 tegner et billede af elnettet som vores fælles energi-livsnerve og betoner nødvendigheden af, at der altid skal være balance i elnettet: at produktionen af el altid skal være i balance med forbruget.

Kapitel 2-11 peger på brint som en nøgleressource i fremtidens samfund. Kapitel 12 synliggør - via en status på brint i dag - at brint-teknologien er moden til udrulning af brintsamfundet. I kapitel 13 er de vigtigste konklusioner trukket frem. Kapitel 14 tegner en skitse af "Den Store Plan", en overordnet køreplan for omstilling til det fossilfrie brintsamfund. I kapitel 15 opsummeres nogle vigtige konklusioner fra et udvalg af regeringens klimapartnerskaber, udsendt medio marts 2020. Kapitel 16 og 17 handler om forbrugs- og ulighedskriserne, som hver især har potentiale til at køre den grønne omstilling af sporet og udløse et kaos i verden. Det afsluttende efterord i kapitel 18 giver baggrundsinformation om bogens forfatter og hvordan forfatteren tænker sig bogen anvendt som et idekatalog til den grønne omstilling.

2. Fra sort til grønt samfund

Grøn omstilling handler først og fremmest om, at vi skal erstatte kul, olie, gas, diesel og benzin med vedvarende energi. Når denne overgang er til ende i 2050, vil vores energibehov blive dækket af ca 90% strøm fra vindmøller og ca 10% strøm fra solceller. Der vil også komme biogas fra forgasning af husholdningsaffald og formentlig også strøm og varme fra affaldsforbrænding. Nogle mener, at der også vil komme et stort bidrag af biogas fra forgasning af gylle og komøg fra landbruget. Det vender vi tilbage til i kapitel 9.

Hvis vi opstiller alle de havvindmøller, der er plads til på passende lavt vand i Vesterhavet, kan det dække hele Europas energibehov[3] – så hvad venter vi egentlig på?

Man kan ikke lagre strøm i elnettet. Det kan man i batterier, men det er helt utænkeligt at lagre så store mængder energi, som der hér er tale om, i batterier. Vi kan til gengæld lagre energi i form af brint. Det forudsætter, at vi bygger brintanlæg bestående af et elektrolyseværk, et brintlager, der kan rumme den dannede brint samt et kraftværk, der kan omdanne brint til strøm igen (stakke af brændselsceller eller gasturbiner, der kører på ren brint og ilt). Disse brintanlæg kan bygges i så stor skala, som vi måtte få brug for.

Brintlagring vil være en del af omstillingen fra et sort til et grønt samfund. Men der er mange andre elementer: Vores boliger skal opvarmes med el eller fjernvarme. Vores biler skal udskiftes med elbiler og brintbiler. Det samme gælder busser, lastbiler og specialkøretøjer som for eksempel landbrugsmaskiner og entreprenørmateriel. Jernbanerne skal

---

[3]https://ing.dk/sites/ing/files/offshore-vindpotentiale-model.pdf

køre på strøm eller brint. Skibsfarten og luftfarten skal omstilles til brint eller alternativt til såkaldte "elektrofuels": methan, ammoniak eller ethanol dannet ved hjælp af brint som et mellemprodukt, også kendt som Power-to-X eller PtX. Industrien skal omstilles til at køre på strøm og brint, og landbruget skal bruge et miks af strøm, biogas og brint.

Alt dette kan vi i princippet realisere allerede i dag. Vi har teknologierne til det. De vil selvfølgelig blive bedre og billigere over de næste 10 år, men vi er i den gunstige situation, at vi ikke mangler teknologier. Vi har alt det, vi har brug for i dag.

Hvad venter vi så på?

Når man kaster et blik på alt dét, der skal laves om i samfundet, kan man se, at der er tale om enorme investeringer. Og det er ikke ligegyldigt i hvilken rækkefølge de kommer. Elnettet går som en livsnerve gennem hele vores samfund. I takt med, at vi bliver mere og mere afhængige af strøm, bliver elnettet en mere og mere kritisk ressource. Det skal udbygges løbende, så det hele tiden kan følge med til, at vi kobler mere og mere forbrug ind på det. Det er en opgave, der kræver masser af planlægning og tid til udførelse.

I dag kommer halvdelen af den strøm, vi bruger, fra vindmøller og solceller. Vi kan ikke koble mere grøn strøm ind på elnettet, før vi er i stand til at omdanne overskuddet, når det blæser og/eller solen skinner, til brint og lagre det til tidspunkter, hvor der ikke er grøn strøm (nok), fordi det ikke blæser og er overskyet eller nat. I dag bliver mange vindmøller stoppet, når der er kraftig vind, fordi strømmen ikke kan lagres i elnettet. Hvis vi laver mere strøm, end vi forbruger, skal vi eksportere den overskydende strøm. Da det sikkert også blæser i vores nabolande, har de ikke brug for strømmen, så ind imellem må vi ligefrem betale for at komme af med overskudsstrøm. Så er det billigere at stoppe nogle møller. Dette problem vil blive større, jo flere vindmøller vi bygger uden samtidig at bygge brintanlæg med brintlagre. Tingene skal følges ad.

Dét, det hele handler om, er elforbruget. Hvor meget strøm skal vi bruge en given dag, time, minut, sekund? Der skal produceres præcis lige så meget, som vi forbruger. Men hvordan forudsiger man det forventede forbrug?

Når vi kigger frem til 2050, har vi løst problemerne. Vi har de vindmøller og solceller, der skal til. De nødvendige brintanlæg og -lagre. Hele transportsektoren kan tanke strøm og brint. Vores boliger er opvarmet med varmepumper og fjernvarme. Industrien og landbruget har lagt fossile brændsler bag sig. Men det er svært at komme derhen. Det er en kolossal planlægningsopgave, og det bliver også nødvendigt at styre udviklingen med kvoter for de forskellige energiforbrugende enheder. Mere om det i kapitel 14.

3. Systemisk tænkning

Som det fremgår af ovenstående, hænger alle de energiforbrugende sektorer sammen via elnettet. Man kan derfor ikke lave én plan for transportsektoren og en anden plan for boligopvarmning, uden at de to planer er koordinerede. Elnettet binder de to sektorer sammen. Den energi, der skal bruges, skal jo hentes samme sted fra og føres frem til forbrugsstedet af det samme elnet. Vi skal sikre os, at enhver energiforbruger i samfundet til enhver tid kan trække den energi, der er brug for på det tidspunkt og det sted, den skal leveres. Det kræver koordinering.

Vi har været vant til, at vi altid kunne trække den strøm, vi havde brug for og tanke den benzin eller diesel, vi ønsker. I fremtiden, hvor elnettet skal udbygges, er vi nødt til at have et nøje overblik over, hvem der har brug for hvor meget el på hvilke tidspunkter og steder: År for år, dag for dag, time for time, minut for minut. Men der er også andre bindinger, vi skal have kendskab til. Hvis vi tænker os, at alle 2,4 mio personbiler bliver skiftet ud, giver det to helt forskellige scenarier afhængigt af, om de bliver skiftet ud med elbiler eller brintbiler. Dette bliver belyst i kapitel 7.

For tiden indfører elselskaberne variable tariffer, som forbrugerne kan se time for time. Hensigten er, at forbrugerne flytter el-forbrug fra de dyre timer, hvor der er stor efterspørgsel på el, til billige timer med lille efterspørgsel. Herved fordeles belastningen af elnettet mere jævnt over døgnets timer, og det eksisterende elnet vil således kunne servicere et større antal brugere og levere el til et større totalt forbrug. Den slags løsninger er billige og effektive og skal selvfølgelig anvendes i videst mulige udstrækning, men med en forventning om en fordobling af elforbruget slipper vi ikke for at forstærke elnettet – men med udjævning af belastningen af elnettet kan vi klare os med en mindre forstærkning, og så bliver det knap så dyrt.

Bortset fra nogle få højspændingsforbindelser er vores elnet gravet ned i jorden – typisk i vejene. Når det skal forstærkes, vil det ske ved opgravning af vejene. Dette giver trængsel på vejnettet. Trængselsomkostningerne vil blive enorme ved en massiv opgravning af vejene. Dette er et vigtigt argument for at vælge løsninger, der minimerer forstærkning af elnettet og dermed opgravning af veje.

Når vi vil lave en indsats som den grønne omstilling, er vi med andre ord nødt til at kende alle de forhold, der påvirker vores beslutninger omkring de valgte løsninger, og hvornår de sættes i værk. Dette kaldes systemisk tænkning eller systemisk analyse. Københavns Universitet har et Center for Bæredygtighed (Sustainability Center), hvor professor Katherine Richardson underviser i systemisk analyse. Hun har i bogen "Hvordan skaber vi bæredygtig udvikling for alle" (Informations Forlag, serien "Moderne ideer", 2019) påvist, at end ikke den grønne omstilling kan forstås adskilt fra andre livsytringer. Hun peger (i Del 4) på, at vi ud over klimakrisen også har en forbrugskrise, hvor vi overforbruger Jordens ressourcer og en fordelingskrise, hvor stigende ulighed i Verden gør det vanskeligt at håndtere klimakrisen. Katherine Richardson mener, at de andre to kriser hver især har potentialet til at ødelægge selv de bedste initiativer til håndtering af klimakrisen. Vi skal med andre ord håndtere de tre kriser samtidigt.

Karen Richardson peger også på, at vi er nødt til at stoppe tabet af biodiversitet. Vi får aldrig uddøde arter igen, men i øjeblikket uddør arter her på Jorden i et alarmerende tempo. FN har i en nylig rapport vurderet, at omkring 1 mio arter er truet af udryddelse. Det er et etisk problem, men det er også et tab af muligheder for fremtidig brug af naturens ressourcer til fremstilling af for eksempel lægemidler. Biodiversitetskrisen hænger uløseligt sammen med de tre andre kriser.

Danskernes forbrug regnet pr person er ét af de største i verden. Hvis hvert menneske på Jorden forbrugte lige så meget som hver dansker i gennemsnit, skulle vi have over 4 jordkloder at trække råvarer og ressourcer fra (Katherine Richardson: Hvordan skaber vi bæredygtig udvikling, p 52). Ubegrænset forbrug på en begrænset klode er en umulighed. Hvis vi skal overleve som art på kloden, er det nødvendigt, at vi skærer drastisk ned på vores forbrug. Det kunne for eksempel være en kraftig nedgang i antallet af biler herhjemme, men også en væsentlig reduktion i forbruget af kød vil få betydning for den måde, vi indretter vores energisystem på. Forbrugskrisen er behandlet i nedenstående kapitel 16.

Ulighedskrisen kan også påvirke vores forbrug og forbrug af energi. Hvis velstanden fordeles mere jævnt i Danmark og på tværs af Verdens lande, vil det påvirke vores forbrugsmønstre og dermed behovene for energi. Ulighedskrisen er behandlet i nedenstående kapitel 17.

Vi skal altså være opmærksomme på, at andre parametre end de rent tekniske påvirker hele energisystemet og søge at indarbejde de forandringer, der har betydning for energiforbruget, i vores planer for den grønne omstilling. Det er systemisk tænkning i sin bredeste forstand. Men systemisk tænkning er altså også nødvendig, når vi blot fokuserer på de tekniske aspekter af den grønne omstilling.

4. Energifremstilling og -lagring

I dag dækkes ca halvdelen af vores elforbrug af vindmøllestrøm. Nogle få procent dækkes af solcellestrøm. Resten dækkes ved afbrænding af kul, olie, naturgas, træflis, halm og affald. Der er en stigende produktion af biogas, der i et vist omfang anvendes i gasfyrede kraft- og kraftvarmeværker.

Der er bred enighed om, at de fossile brændsler skal erstattes af vedvarende energi: sol og vind. Andre vedvarende energikilder som for eksempel geotermisk varme bør også udnyttes men har ikke potentiale til at bidrage med mere end nogle få procent af vores energibehov.

Træflis regnes i FN's CO2-system som vedvarende, og kraftværkssektoren har brugt store summer på at omstille kraftværker til at køre på træflis. Danmark har i dag en betydelig import af træflis, hovedsagelig fra Østeuropa og tredieverdenslande. Danmark er desværre på vildspor med denne strategi. Træflis, der er lavet af træstammer, kan regnes som vedvarende, hvis vi ser det over en hundredårig periode, hvis man vel at mærke straks genplanter de fældede arealer med ny skov. Efter 100 år har træerne igen absorberet den mængde kulstof, der blev frigivet som CO2, da træflisen blev brændt af. Det vil sige, at vi ved afbrænding af træflis fra træstammer "låner" plads i atmosfæren til CO2 fra afbrændingen i 100 år, inden træflisen er blevet bæredygtig. Men vi har ikke 100 år at køre på. Afbrænding af træflis medfører en øjeblikkelig udledning af CO2 til atmosfæren. FN vil blive nødt til at ændre praksis for klimaregnskaber, og Danmark vil være nødt til at rette ind. Det vil medføre en stigning på omkring 20% i vores klimabelastning, og Danmark vil derefter miste sin status som foregangsland.

Vi skal altså vænne os til, at træflis fra træstammer ikke er bæredygtigt. Træaffald som grene kan fortsat regnes som bæredygtigt, idet det alternativt ville gå i forrådnelse over ganske få år alligevel, og så kan vi jo lige så godt brænde det af – bortset fra, at rester af døde træer udgør en vigtig del af det biologiske miljø i skoven og derfor har stor betydning for opretholdelse af biodiversiteten. Vi bør derfor lade grenene ligge på skovbunden og i øvrigt kun fælde træer, når vi skal bruge træet i industriel sammenhæng, f.eks. som byggematerialer eller til møbler.

Vi brænder husholdningsaffald af i stor stil og er dygtige til at gøre det med en meget begrænset luftforurening. Varmen bliver brugt i fjernvarmesystemer, så den går ikke tabt. Afbrænding af affald er dog en meget ineffektiv måde at udnytte affaldet på. Ved sortering kan man adskille affaldet i fraktioner, der hver især kan genanvendes. Husholdningsaffald kan afgasses og derefter komposteres, så der kommer værdifulde produkter ud af affaldet. EU planlægger, at alt affald skal genanvendes, og forbrændingsanlæggene skal afvikles i en overskuelig fremtid. Vi bør derfor ikke se affaldsforbrænding som en del af vores langsigtede energisystem. Folketinget har netop vedtaget en lov om ensartet affaldssortering i hele landet i op til 10 fraktioner. Det er dog næppe noget, der vil rykke afgørende ved vores CO2-regnskab inden 2030.

Vi skal øge andelen af grøn energi fra vind og sol til noget nær 100%. Regeringen satser på, at dette kan ske senest i 2030. Men vind og sol er ustabile energikilder. I vinterhalvåret producerer solceller stort set ingen energi, og der er mange dage med vindstille eller svag vind, hvor vindmøllernes produktion mangler eller er lav. Vi er derfor nødt til at kunne lagre energi nok til, at vi kan udjævne de daglige og ugentlige udsving i vinden og sæsonudsvingene i solindfaldet.

Der er forskellige muligheder for energilagring. SEAS/NVE har eksperimenteret med et varmelager, hvor et meget stort og velisoleret stenlager opvarmes til 600 grader, når der er billig strøm. Varmen kan bruges til at lave elektricitet, og overskudsvarmen kan føres over i et fjernvarmesystem[4]. Dette kan fungere og måske endda være økonomisk attraktivt, men varme er en lavkvalitet-energiform, og pladskravene er så enorme, at det er udelukket at bruge denne lagringsmetode i stor skala.

Der forskes rigtig meget i batteriteknologi. Nogle tror, at vi skal bruge batterier til sæsonlagring af strøm, men dels findes de batterier, der vil kunne lagre strøm nok, ikke i dag, dels er batteriernes holdbarhed begrænset, og de fremstilles af råstoffer, der er dyre og sjældent forekommende på Jorden. Endelig er det umuligt at slukke en brand i et batteri, og dét problem bliver kun større, jo større batteriet er. Brand i bilbatterier udgør derfor en stor risiko for redningstjenesterne. Batterier synes således ikke at være løsningen på vores behov for energilagring.

Brintlagre findes i dag og kan skaleres til en vilkårlig størrelse. Kritikere af brintteknologien hævder, at der er for store tab til, at det kan blive økonomisk fremkommeligt, men dels har vi muligheden for at udnytte energitabet i vores fjernvarmesystemer, og dels er vindmølle- og solcellestrøm i dag så billig, at det blot er et spørgsmål om at opstille nok produktionskapacitet til at dække både forbruget og tabene. Samtidig vil priserne på komponenterne til brintfremstilling, -lagring og -forbrug falde voldsomt i takt med, at

---

4 https://www.seas-nve.dk/koncernen/presse/nyheder/minister-stenlager-kan-inspirere-hele-verden-004

efterspørgslen stiger, og industrien udvikler stadig bedre produkter. Denne udvikling har vi set med både solceller og vindmøller, ligesom vi har set det på mange andre områder som f.eks. computere, mobiltelefoner og de chips, der er rygraden i den digitale udvikling.
Brint bør derfor være vores vej til lagring af energi – både dag-til-dag lagring og sæsonlagring. Nedenstående diagram viser, hvordan vi på dage, hvor produktionen af grøn strøm er større end efterspørgslen, bruger overskudsstrømmen til at producere brint, og hvor vi bruger af den lagrede brint til at supplere med strøm i elnettet, når produktionen af grøn strøm er mindre end efterspørgslen.

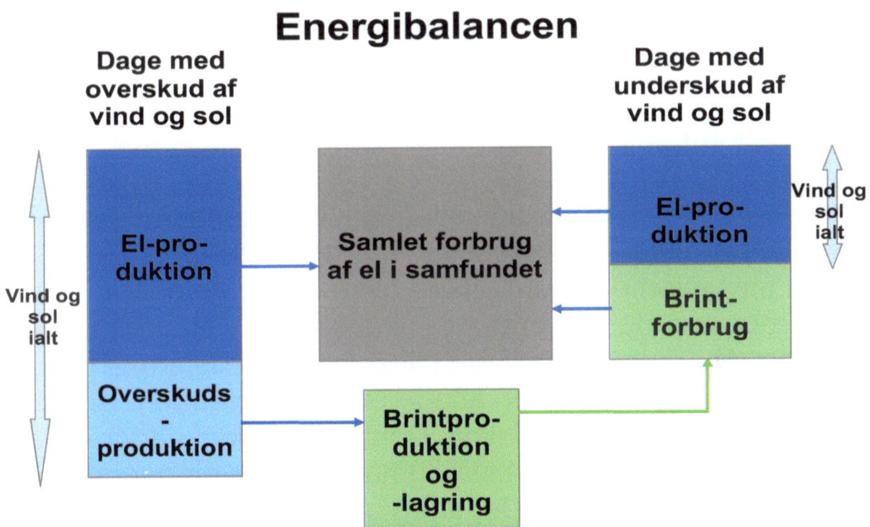

I ovenstående diagram er energioverførsler i form af strøm vist med blå pile, mens energioverførsler i form af brint er vist med grønne pile. Det bemærkes, at brintforbrug sker i brændselsceller, der omdanner brint til elektricitet eller i gasturbiner. Pilen fra "Brintforbrug" til "Samlet forbrug af el i samfundet" er derfor blå.

Som man kan se, skal systemet til forbrug af brint have kapacitet nok til at dække hele samfundets elforbrug på overskyede vinterdage, hvor det er vindstille. På sådanne dage vil den blå kasse med produktion af grøn strøm til højre i billedet i alt væsentligt mangle, og hele samfundets elforbrug må tilvejebringes ved brug af lagret brint.

På denne måde kan vi dække hele vores årlige efterspørgsel på strøm uden afbrydelser, alle dage, alle timer. Når vi bygger dette energisystem op, er det en vanskelig opgave at få placeret brintanlæggene, så det giver mindst muligt behov for forstærkning af elnettet. Det er jo elnettet, der skal føre al energien frem fra produktionsstederne til forbrugsstederne. Som udgangspunkt bør brintinstallationerne så vidt muligt lægges op ad kraftvarme- og varmeværker, da overskudsvarmen fra fremstilling og forbrug af brint herved kan udnyttes i form af fjernvarme.

Danmark er i den enestående situation, at vi gennen de sidste mange år har udbygget vores fjernvarmenet meget bredt. Fjernvarmesystemerne kan aftage overskudsvarmen fra brintanlæggene, og det forbedrer økonomien i den grønne omstilling. Andre lande skal først til at investere i fjernvarme (eller fjernkøling), før de kan aftage overskudsvarmen. Denne investering har vi allerede lavet i Danmark. Vi kan derfor gennemføre den grønne omstilling hurtigere og billigere end stort set resten af verden. Det er en chance, vi ikke må lade glide os af hænde!

5. Energikredsløbet

Nedenstående diagram viser, hvorledes energi bevæger sig rundt, fra produktionsenhederne ud til de forbrugende segmenter. Diagrammet er farvekodet således, at el-kredsløbet er vist med blåt og brintkredsløbet er vist med grønt.

I diagrammet er for enkelthedens skyld vist, at al tung transport, herunder jernbaner, baseres på brint. Personbiler kan være både elbiler og brintbiler. I kapitel 7 diskuteres transportsektoren. Dér argumenteres for, at brint er den bedste løsning til stort set al tung transport, men det er i dag også muligt at drive små tog, færger, busser og specialkøretøjer som f.eks. skraldebiler på batterier. Der henvises til kapitel 7 for yderligere diskussion.

Det karakteristiske ved el-kredsløbet (de blå linier og pile) er, at det er elnettet, der fører strømmen fra produktionsstederne ud til forbrugsstederne. Elnettet består i alt væsentligt af nedgravede ledninger. Hvis der ikke er kapacitet nok på en given strækning, er man derfor nødt til at nedgrave en supplerende ledning. Det er besværligt, tager tid og forstyrrer trafikken, mens det foregår. Elnettet har i dag rigelig kapacitet til det behov, vi har i dag, men i en fremtid med et meget større behov for el vil det blive nødvendigt at forstærke elnettet rigtig mange steder. Hvis hovedparten af vores 2,4 mio benzin- og dieselbiler udskiftes med elbiler, vil det medføre et massivt behov for forstærkning af elnettet. Det vil koste et betydeligt milliardbeløb og give uoverskuelige gener for trafikken, mens gravearbejdet står på – og lige så uoverskuelige trængselsomkostninger. Kommissionen for grøn omstilling af personbiltransporten (”Eldrup-kommissionen”) vil frigive en rapport om dette emne omkring årsskiftet 2020/2021.

I modsætning til elkredsløbet er brintkredsløbet baseret på, at brinten transporteres fra produktionsstederne til forbrugsstederne med tankbiler og tankskibe. Det betyder, at vi med fordel kan placere brintproduktionen nær steder, hvor der er en stor elproduktion eller et stort forbrug af brint. Et eksempel på det første kunne være at anbringe en brintfabrik til havs ved siden af en havvindmøllepark, eventuelt på en kunstig energi-ø. Ulempel ved dette er, at energitabet ikke kan udnyttes til fjernvarme. Et eksempel på det sidste kunne være at anbringe en brintfabrik ved siden af et kraftvarmeværk, hvor kraftværksdelen kan bruge brinten og varmedelen kan bruge den spildvarme, der følger med brintproduktionen. Distributionen af brint påvirker således ikke elnettet, men benytter sig kun af køretøjer på vejnettet og fartøjer på vandvejene. Det svarer helt til situationen med transport af benzin og diesel i dag, og vi ville således kunne forsyne alle

2,4 mio personbiler uden at anlægge nye veje eller forstærke elnettet, hvis alle bilerne var brintbiler.

I diagrammet ovenfor kan vi også se, at boliger fremover skal opvarmes med el eller fjernvarme. Elopvarmede boliger skal derfor have en varmepumpe. Det skal varmeværkerne også – den skal bare være meget, meget større. Varmeværkerne skal køre på direkte, grøn strøm, når der er rigeligt af dette. I perioder med underskud kan varmeværkerne drive deres varmepumper med egenproduceret strøm, hvis de er koblet sammen med et brintanlæg.

Som det fremgår, kan (og skal) brint spille en afgørende rolle i fremtidens energiforsyning. Det er en almindelig opfattelse, at brint-teknologien ikke er moden endnu, og at brint først kan komme til at spille en mærkbar rolle i energiforsyningen efter 2030. Dette er ikke korrekt, og de fire kapitler, der afrunder den tekniske beskrivelse af den grønne omstilling, afsluttes derfor med en status på, hvor brintteknologien er i dag.

6. Boligopvarmning

Vi har 425.000 naturgasfyr (2017)[5] og 80.000 oliefyr[6] til boligopvarmning i Danmark. 200.000 husstande forsynes med fjernvarme, hvor energikilden er naturgas. Når de fossile brændsler udfases, skal disse boliger opvarmes med fjernvarme eller varmepumper. Tilsvarende gælder for brændefyr og pillefyr, der bruges som primær varmekilde, at de bør udskiftes med varmepumper. Herudover er der allerede et mindre antal varmepumper af forskellig art, hvoraf nogle er den primære varmekilde og nogle supplerer den primære varmekilde.

Oliefyrene er de mest CO2-belastende installationer. De findes især på landet, men der findes også enkelte oliefyr i parcelhuskvarterer, hvor hovedparten af beboerne benytter naturgas eller fjernvarme. Som udgangspunkt vil det være mest effektivt at udskifte oliefyrene med varmepumper. Da fyrene ligger spredt over store landområder, er der grund til at tro, at de kan udskiftes med varmepumper, uden at det afføder væsentlige behov for udvidelse af elnettet. Denne udskiftning burde sættes i værk straks og vil have omgående positiv indflydelse på Danmarks CO2-regnskab.

De 425.000 naturgasfyr findes typisk i parcelhuskvarterer og landsbyer. De skal også udfases senest 2050. Der er to hovedscenarier for denne udfasning:

- Der opsættes individuelle varmepumper ved hver enkelt bolig.
- Der anlægges fjernvarme med tilhørende fjernvarmecentral.

5 https://ens.dk/sites/ens.dk/files/Statistik/opvarmningsundersoegelsen.pdf
6 https://www.bolius.dk/farvel-til-oliefyret-men-det-gaar-langsomt-44836

Hvis vi sætter individuelle varmepumper op ved alle parcelhusene, vil det imidlertid give så stor en ekstra belastning af elnettet, at det skal forstærkes i store dele af forsyningsområdet. Hvis borgerne samtidig udskifter deres biler med elbiler, bidrager det til yderligere belastning af elnettet. Denne belastning kan dog begrænses, hvis borgerne hovedsageligt udskifter deres biler med brintbiler, men varmepumperne alene vil give anledning til en meget stor og omkostningskrævende forstærkning af elnettet, med opgravning af et meget stort antal villaveje til følge.

Det skal bemærkes, at det ikke vil hjælpe på kapacitetsproblemer i elnettet at sætte solceller op på tagene, da varmebehovet primært ligger i vinterhalvåret, hvor solcellernes strømproduktion er minimal.

Når vi nu under alle omstændigheder skal grave en stor del af vejene op, er det nærliggende at overveje, om der er bedre løsningsmuligheder end individuelle varmepumper. Og det er der! Vi kan forsyne de store, sammenhængende naturgasområder med fjernvarme i stedet. Fjernvarmecentralen skal køre på strøm, der forsyner en meget stor varmepumpe, og så skal der bare føres strøm nok frem til én adresse: Varmecentralen. Når fjernvarmeledningerne lægges ned i villavejene, kan man samtidig lægge elkabler i det omfang, der måtte være et rationale i det. Interesseorganisationen Dansk Fjernvarme har beregnet, at et nyanlagt fjernvarmesystem vil være billigere for lodsejerne, end hvis de selv opsætter individuelle varmepumper[7][8]. De kommunale varmeplaner skal derfor

---

[7]https://www.danskfjernvarme.dk/groen-energi/analyser/17012018-fjernvarmens-konkurrenceforhold-overfor-indviduel-opvarmning

[8]https://www.danskfjernvarme.dk/groen-energi/nyheder/200331-nye-analyser-s%C3%A6tter-fokus-p%C3%A5-elvarmeafgiften-og-elektrificering-af-boligopvarmning

revideres, så de udpeger fjernvarme til boligopvarmning i de nuværende naturgasområder.

Men vi kan gøre mere end det. Vi kan anlægge brintfabrikker med lager og forbrugsdel i tilslutning til varmecentralen. Anlæggene kan dimensioneres efter det beregnede årsforbrug af varme, således at fjernvarmecentralen selv hen over året kan forbruge al den lagrede brint. Der er således ikke nogen risiko med hensyn til, om der er købere til brinten.

Et sådant kombineret fjernvarme/varmepumpe– og brintanlæg vil kunne købe strøm, når den er billig. I dag er overskuddet af grøn strøm som tidligere nævnt så stort i perioder med meget vind, at man må stoppe vindmøller for ikke at skulle betale vores nabolande for at skaffe os af med overskudsstrøm. I disse situationer er strøm meget billig eller endda tæt på gratis. Vores brintanlæg kan i disse perioder køre på fuld kraft med at lave brint på basis af meget billig strøm. Da vi bliver mere og mere afhængige af vejret, jo tættere vi kommer på 100% grøn strøm fra sol og vind i 2050, vil denne gunstige situation med meget stor sandsynlighed fortsætte lige så langt øjet rækker. I sommerperioden, hvor behovet for rumopvarmning er minimalt, vil brintanlægget kunne bruges til at købe strøm, når den er billig, omsætte den til brint og så forbruge brinten og sende strøm ud på elnettet til høje priser, når det er vindstille, og strømmen er dyr, hovedsageligt i vinterhalvåret.

Fremstilling af brint og brug af det i en stak af brændselsceller udvikler temmelig meget varme. Denne varme kan vi føre ind i fjernvarmesystemet, så den samlede effektivitet nærmer sig de ca 80%, som det kendes fra kraftvarmeværkerne i dag. Brintfremstilling og fjernvarme er som skabt til hinanden.

Det, der gør sådan en investering så unik, er, at der ingen

risiko er i forbindelse med aftag af anlæggets produkter (fjernvarme, brint og el), og at vi under alle omstændigheder skal betale for opgravning af vejene. Når anlægget dimensioneres til eget forbrug, vil der - som nævnt - være mulighed for at bruge det til at producere strøm til elnettet i vindstille perioder. Det er en sidegevinst, der er med til at gøre projektet yderligere økonomisk attraktivt. Dette kan gøres i alle de store, sammenhængende naturgasområder, som jo skal omlægges til anden varmeforsyning før eller siden. Ved at gribe denne enestående chance, kan varmeselskabet ende med at kunne levere en meget billig varmeforsyning og samtidig hjælpe resten af samfundet med at opbygge kapacitet til udjævning af udsvingene i strømproduktionen fra sol og vind. Vi kan samtidig opnå, at regningen for omlægningen til grøn varmeforsyning ender hos varmekunderne i stedet for at blive fordelt på alle, hvilket vil ske, hvis vi vælger at lade de enkelte parcelhusejere opsætte deres egen varmepumpe, hvorefter elnettet skal forstærkes.

Da brintlageret kun udgør en beskeden del af investeringen i et brintanlæg, kan vi dimensionere lageret, så det også kan indeholde brint, der sælges til transportsektoren og industrien. Herved vil brintanlægget kunne få flere driftstimer og dermed en bedre økonomi, og det bidrager til at forsyne samfundet med brint.

Både nedgravning af fjernvarmeledninger og anlæg af varmecentral og brintanlæg tager lang tid. Der kan nemt gå 5 år eller mere, fra de første skitser er udarbejdet, til det nye anlæg står færdigt. Da villaejere selv er ansvarlige for deres varmeinstallation, er det meget vigtigt - så hurtigt som muligt - at melde ud om et sådant projekt og herunder præsentere en tidsplan. Så kan den enkelte boligejer planlægge, hvordan hans/hendes varmeinstallation skal vedligeholdes. Skal naturgasfyret udskiftes, eller kan det levetidsforlænges? Kan man opsætte supplerende varmekilder i en periode, indtil fjernvarmeanlægget er oppe at køre? Jo længere tidshorisont man kan give boligejerne, des mere effektivt kan de planlægge deres egen varmeforsyning.

Selv hvis vi begyndte at omlægge alle naturgasområder til fjernvarme i dag, ville vi komme op i den høje ende af 2020'erne, inden det for alvor begynder at batte, men det er netop en grund til at tage stilling hurtigt og komme i gang med udviklingen. Hvis man venter til 2025, kommer der ingen bidrag til 70% reduktionen i 2030.

De nuværende fjernvarmeområder skal blot vedligeholdes, men på varmecentralerne skal brændslet være grønt. 200.000 fjernvarmekunder forsynes fra gasfyrede varmecentraler, som skal lægges om til grøn energi, dvs varmepumper. Det vil give anledning til forstærkning af elnettet mange steder. Som beskrevet ovenfor, kan man også hér lave et brintanlæg i tilslutning til varmecentralen.

Fuelolie bruges som brændsel på nogle kraft- og kraftvarmeværker. Naturgassen afgiver 40% mindre CO2 end fuelolie pr produceret energienhed, så man kan overveje at omstille sådanne værker til at køre på naturgas i en overgangsperiode. Det er ikke godt, men det er meget bedre end at køre på fuelolie, og det vil slå ind på Danmarks CO2-regnskab med det samme. Men man bør selvfølgelig overveje, om man ikke hellere skal gå direkte over til varmepumper og brintanlæg med det samme.

Varmeforbruget i boligmassen bliver løbende bragt ned i kraft af efterisolering og renovering. Når varmebehovet i boligmessen estimeres, skal disse tiltag indregnes. Offentlige støtteordninger til energieffektivisering af boligmassen vil givetvis fortsætte gennem de næste mange år. Den sparede energi slår omgående igennem i Danmarks CO2-regnskab og er dermed én af de nemme og billige måder at nærme sig 2030- og 2050-målene.

Brændeovne er på den politiske dagsorden, fordi brændeovne – og specielt gamle brændeovne – udleder store mængder partikler. Hvis brændslet er træ fra træstammer, er CO2-udledningen ikke bæredygtig. Det samme er tilfældet med pillefyr. Begge dele kan umiddelbart erstattes af varmepumper eller fjernvarme i det omfang noget sådant er tilgængeligt på adressen.

6.1 Sektorkobling i forsyningsområdet

I et brintanlæg skal elektrolysedelen tilføres det vand, der skal sønderdeles, og når vi forbruger brint, danner brændselscellerne kemisk rent vand som et "spildprodukt". Begge processer producerer varme, der bør føres ind i et fjernvarmeanlæg.

Elektrolyse er sønderdeling af vandmolekyler i deres grundstoffer, ilt og brint. Sønderdelingen forårsages af en elektrisk strøm. Med brint som den primære energibærer i fremtidens grønne samfund er det relevant at overveje, hvor store mængder vand, der bliver behov for til elektrolyse. Det er ikke denne bogs mission at levere en begrundet beregning af vandbehovet, men en indikation af et muligt niveau kan være i omegnen af 15 mio m3 vand pr. år, når det grønne samfund er fuldt udbygget. Det er så meget, at man må overveje, hvor vandet skal komme fra, og hvordan vi får det hen til de brintanlæg, hvor det forbruges.

Vi kan naturligvis benytte drikkevand, men dels vil vandforsyningsnettet formentlig ikke kunne bære denne ekstra belastning uden væsentlige udvidelser, dels er drikkevand en alt for god ressource at bruge til dette formål. Det er derfor nærliggende at bruge renset spildevand fra vandrensningsanlæggene eller regnvand og tagvand, der mange steder allerede føres i separate kloakledninger. Elektrolyseanlæggene skal indrettes efter den type vand, der sønderdeles, så der ligger et stykke udviklingsarbejde i at tilpasse anlæggene til de forskellige typer af renset spildevand, der benyttes. Forureningen i det benyttede vand vil blive til slam og skulle renses ud af elektrolyseanlæggene med jævne mellemrum og bortskaffes. På sigt kan der måske udvindes nyttige ressourcer af dette, men i første omgang kan det føres tilbage til renseanlæggene med henblik på yderligere nedbrydning og opkoncentrering.

Både renset spildevand og regnvand/tagvand er forurenet. Praksis i dag er, at det ledes direkte ud i recipienterne. Det er selvfølgelig ikke holdbart på langt sigt. At bruge renset spildevand og regnvand/tagvand til elektrolyse løser et forureningsproblem, som vi ikke tager alvorligt i dag, men som bliver påtrængende på sigt. Og brintanlægget sparer en udgift til vand – kan måske endda få penge for at modtage og rense det forurenede spildevand. I princippet kunne man endda tænkes at bruge spildevand, der kun er mekanisk renset og derved bruge elektrolyse til vandrensning.

Elektrolysen har brint som det primære produkt, men der produceres samtidig ilt. Ilten kan opsamles og sælges. Ilt benyttes mange steder i samfundet, for eksempel i dambrug, spildevandsanlæg, industrien og sundhedssektoren. Da der formentlig vil blive produceret væsentligt mere ilt, end der kan udnyttes i samfundet, kan den overskydende ilt blot udledes til atmosfæren. Det vil give en forøgelse af iltindholdet i atmosfæren, men når brinten bliver forbrugt, fanges ilten ind igen. Bruges gasturbiner i stedet for brændselsceller i brintanlæggene, skal de drives af ren brint og ren ilt, der kommer ud af elektrolysen.

Brændselscellerne genererer kemisk rent vand, som har mange anvendelsesmuligheder, for eksempel til at dække vandtab i fjernvarmesystemer, hvor renhedskravet er meget højt. Det vil ikke kunne betale sig at opsamle vandet fra transportsektoren, men i det omfang brint bruges til at producere strøm til elnettet – på dage med for lidt vind og sol til at dække efterspørgslen på el i elnettet – sker produktionen i brintanlæggene, hvor det er nemt at samle op. Hvis denne situation på årsbasis opstår ca 25% af årets dage, vil produktionen af kemisk rent vand kunne andrage op mod 4 mio m3 kemisk rent vand om året. Mange industrier bruger destilleret vand, så der er et afsætningspotentiale for vandet fra brændselscellerne.

Kemisk rent vand er ikke hverken velsmagende eller sundt for mennesker, men det er nærliggende at tilsætte mineraler, så den kemiske sammensætning svarer nogenlunde til drikkevandets og så spæde drikkevandet op. Herved kan den tilsvarende mængde grundvand og efterbehandlingen af dette spares. Dette har ikke været gjort tidligere, og der udestår et udviklingsarbejde, inden vi véd, hvordan det skal gøres på en måde, der sikrer både rent og velsmagende drikkevand.

Integrationerne mellem de forskellige forsyningssektorer er vist i nedenstående diagram:

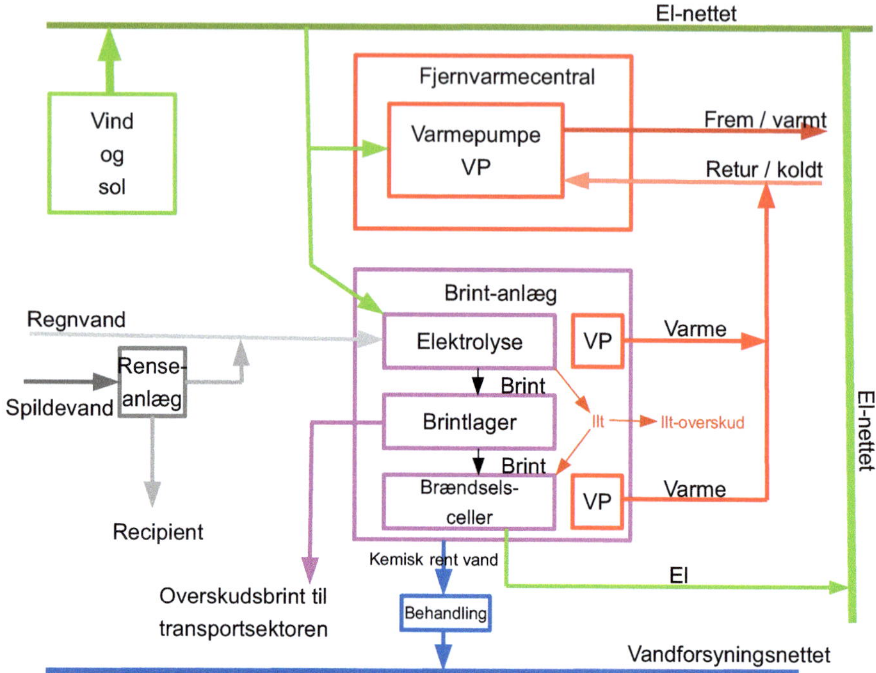

Som nævnt har vi i de boligområder, der i dag er forsynet med naturgas, en historisk mulighed for at omlægge til fjernvarme og hermed åbne muligheden for alle de fordele, de viste integrationer tilbyder. Dette forudsætter imidlertid, at der tages beslutning om omlægning til fjernvarme, inden de enkelte boligejere selv omstiller til private, individuelle varmepumper. Hvis det sker, falder forretningsgrundlaget for fjernvarmen bort, og mulighederne for at indrette energisystemet i boligkvarteret med de beskrevne integrationer forsvinder. Regeringen har i efteråret 2020 åbnet en pulje med støttemidler til omlægning fra naturgasfyr til individuelle varmepumper. **Dette tilskud til omlægning fra gasfyr til varmepumpe vil således aktivt modvirke muligheden for at opnå ovenstående fordele og bør stoppes straks.**

Som nævnt ovenfor vil brintanlæggene kunne indrettes til at lagre og producere overskudsbrint til transportsektoren. Det er primært brintlagerets størrelse, der begrænser produktionen på anlægget. Er lageret tilstrækkeligt stort, vil brintproduktionen i elektrolysedelen kunne køre alle dage, hvor der er overskud af grøn strøm. Lagerets pris er forsvindende i forhold til resten af brintanlægget. Derfor bør brintanlæggene indrettes så de ud over brintforbrug til eget varmesystem og til etablering af balancen i elnettet også kan dække transportsektorens (og industriens) forbrug af brint. Herved løses et seriøst problem i de øvrige sektorer, nemlig hvor brinten skal komme fra.

7. Transport

Transportsektoren opdeles i områderne:

- personbiler
- last- og varebiler og specialkøretøjer
- jernbaner
- skibsfart og luftfart

Områderne behandles i det følgende hver for sig, men det skal erindres, at specielt landtransportformerne deler infrastruktur, og at det således ikke er muligt at lægge en plan for hver af dem uden at tage hensyn til de øvrige – og til de andre sektorer, der måtte benytte samme infrastruktur: Elnettet og faciliteterne til produktion, lagring og fordeling af brint.

Fra 2010 til 2018 er vejtransporten steget med 14%. Der er kommet 20% flere personbiler ud på vejene. Antallet af kørte kilometer er steget med 35%. Lastbiltrafikken er steget med 13%, og antallet af grænseoverskridende lastbiltransporter er steget med 35%, formentlig en konsekvens af globaliseringen[9].

De offentlige transportmuligheder påvirker omfanget af privat bilkørsel. Københavns metro er en stor publikumssucces, og en del af passagererne ville givetvis have taget deres bil, hvis metroen ikke havde været der. At man i forbindelse med åbningen af metroen har forringet busbetjeningen i store dele af København, trækker så til gengæld den anden vej. Tilsvarende kunne man formentlig reducere den regionale bilkørsel ved at forbedre hyppigheden og regulariteten af den regionale tog- og bustrafik.

[9] https://www.vejdirektoratet.dk/side/trafikkens-udvikling-i-tal

7.1 Personbiler

Antallet af personbiler er steget fra 1,8 mio i 2000 til 2,4 mio i 2019. Salget af nye biler satte rekord i 2019 med 225.600 enheder svarende til 9,4% af den samlede bestand af personbiler. Ultimo 2019 var den samlede bestand af elbiler 17.000. Antallet af brintkøretøjer skulle regnes i hundreder, hvilket skyldes dels prisen, dels at der kun er 8 brint-tankstationer i Danmark. I 2020 er der solgt mange elbiler og hybridbiler, dog ikke nær tilstrækkeligt til at opfylde regeringens målsætning om 750.000 grønne biler i 2030.

Hvis personbiltransporten skal nå sin andel af reduktionsmålet på 70% i 2030, skal bestanden af grønne biler (el og brint) være 1,6 mio i 2030. Hvis salget fordeles jævnt over årtiet, svarer det til, at der skal sælges 160.000 grønne køretøjer om året. Det ser ud til at være helt umuligt i starten af 2020'erne, så det vil kræve en helt ekstraordinær indsats at accelerere salget så meget i slutningen af perioden, at målet kan nås.

Da nye biler kører længere på literen end gamle, så det vil hjælpe på Danmarks CO2-regnskab at få udskiftet måske over 90% af bilparken over de næste 10 år, men salget af nye biler viser en bevægelse mod større biler med deraf følgende dårligere brændstoføkonomi regnet pr kørt kilometer, så nysalget af fossilbiler vil ikke nødvendigvis trække den rigtige vej.

El- og brintbiler er fritaget for registreringsafgift, og en indfasning af registreringsafgiften er foreløbig udsat til 2021. Det gav dog kun et salg på 7000 nye elbiler og tæt på ingen brintbiler i 2019.

En billig elbil koster i dag omkring 150.000 kr, men det er stadigvæk væsentligt over prisen for den tilsvarende benzinmodel. Da elmotorer er langt simplere end benzin- og dieselmotorer, er der ikke noget teknisk belæg for den højere pris på elbiler. Man må forvente, at elbiler før eller siden bliver billigere end benzin- og dieselbiler – eller at elbiler bliver et guldæg for automobilbranchen.

Toyota har store forventninger til brintbiler. De forventer, at en brintbil med en rækkevidde på 500 km eller mere vil være billigere end en tilsvarende elbil allerede i 2025[10].

Elbilers rækkevidde er begrænset af batteriets kapacitet. Det spiller også ind, om man bruger strøm til opvarmning og køling af kabinen, vinduesviskere og andre elmotorer. Med en lynlader kan en elbil lades delvist op på ca 30 minutter. Ladetiden ser ud til at kunne komme ned i nærheden af 15 minutter med de nyeste batterier og lynladere. Hvis en elbil skal lades op fra en stikkontakt med 220V og 10 Ampere sikring, kan det tage en hel dag. Elbilens batteri er stort og tungt og dyrt. Der er begrænsede erfaringer med holdbarheden af batterier, men den er givetvis væsentligt mindre end resten af bilens levetid. Man må regne med at skulle investere i mindst ét nyt batteri, inden bilen er moden til skrotning. Der er i juli 2020 indregistreret dobbelt så mange nye hybridbiler som elbiler. Det kan ses som det første tegn på, at bilkøberne reagerer negativt på de problemer, der knytter sig til opladning af elbiler i dagligdagen. Brintbiler er endnu ikke nået frem til et gennembrud i Danmark primo 2021, men når det kommer, vil det løse problemerne med optankningstid og rækkevidde.

Elbiler kan fungere godt, hvis man har mulighed for selv at opsætte en ladestander på sin egen grund eller mulighed for at lade, mens man er på arbejde. Men der er ikke mange

---

[10]Brint baner vej for grøn omstilling (msn.com)

offentligt tilgængelige ladestandere udenfor de store byer, og dem der er, er ofte meget langsomme. Energiselskaberne har finansieret mange ladestandere i de større byer, men prisen på strøm er også derefter. Udenfor de større byer er det umuligt for energiselskaberne at tjene penge på ladestandere, så det er meget vanskeligt at finde offentligt tilgængelige ladestandere udenfor de store byer. Regeringen har allokeret 50 mio kr til opsætning af ladestandere på finansloven for 2021. I betragtning af, at brintbiler kan forventes at være et bedre alternativ end elbiler allerede i 2025, synes strategien med 750.000 elbiler i 2030 at være forfejlet og de 50 mio kr en fejlinvestering. Når brintbiler ikke kræver ny infrastruktur, er det også et spørgsmål, om det overhovedet er rimeligt at bruge skattekroner på at understøtte privates elbilforbrug gennem statstilskud til ladestandere.

Hvis en elbil bryder i brand, er det umuligt at slukke ilden i batteriet. Af denne grund fraråder myndighederne at parkere elbiler i parkeringshuse eller -kældre[11].

I Norge var salget af elbiler oppe i nærheden af halvdelen af alle solgte enheder i 2018, men i 2019 var det for nedadgående, angiveligt fordi det er blevet for svært at finde en ledig ladestander. I 2020 er det igen tilbage på halvdelen.

De tæt bebyggede boligkvarterer - som for eksempel Østerbro - har store problemer med offentlig parkering. Kommunen har solgt 15% flere beboerlicenser til parkeringszonen, end der er parkeringspladser, så selv uden behov for en ladestander er det meget vanskeligt at finde en parkeringsplads på Østerbro. Da vores større byer er så tæt bebyggede, er det ikke muligt at finde frie arealer, der kan udlægges til parkeringspladser. På grund af brandfaren er parkeringshuse og -kældre heller ikke

[11] Politiken 8/2-2020: "Brandeksperter: Undgå elbiler i p-kældre"

en mulig løsning. Hvis man beslutter at sætte et stort antal ladestandere op på offentlige parkeringspladser og give elbiler eneret på disse pladser, vil det blive helt umuligt for andre bilister at færdes i byen.

Problemet med elbiler i byerne er, at op"tankning" og parkering er koblet sammen. Vi er vant til at køre vores benzin- og dieselbiler hen til en benzintank og tanke dér. Der er benzintanke overalt, og det tager under 5 minutter at tanke. Hvis man kan forestille sig, at batteri- og ladeteknologien kommer så langt, at man kan lade en elbil på under 5 minutter, vil elbiler kunne blive et ligeværdigt alternativ til andre biler (idet det dog skal bemærkes, at der også er en pris for at føre strøm nok frem til tankstationerne). Men det ligger ikke lige rundt om hjørnet, og hvis det sker, véd vi ikke, hvad prisen vil være. Men hvis det var muligt, kunne man nøjes med at opsætte ladestandere ved benzinstationerne og så afkoble opladning fra parkering og give de reserverede parkeringspladser fri til alle biler.

Et andet problem med opsætning af et stort antal ladestandere er, at elnettet skal forstærkes for at kunne fremføre tilstrækkelig energi. Det vil medføre opgravning af et meget stort antal veje i byerne. Samfundet lider allerede nu under trængselsomkostninger. I forbindelse med metrobyggerierne i København har vi set, hvor høj prisen er for opgravning selv i et relativt begrænset område. Det er svært at forestille sig, at det overhovedet er muligt at forstærke elnettet nok til, at vi kan have 1,6 eller 2,4 mio elbiler. Alene trængselsomkostningerne vil gøre en sådan udvikling umulig.

Så er der jo også spørgsmålet om hvem, der skal betale? Hvis man lægger omkostningen til infrastrukturen over på elbilerne, bliver det dyrere at køre på el end på brint. Skal vi så bare sende regningen videre til statskassen? Eller el-kunderne?

Hvad vil alle de borgere, der ikke har en bil, sige til det? Politikerne har magten til at gøre det, men hvem tør vove det, når der er et alternativ?

Alternativet er brintbiler. En brintbil er en elbil med et meget lille batteri, en brinttank og en brændselscelle, der producerer strøm til batteriet. De første serieproducerede brintbiler kom på gaden i Danmark for ca 5 år siden. Deres manglende udbredelse skyldes først og fremmest prisen og manglen på brint-tankstationer i Danmark. Det tager under 5 minutter at tanke en brintbil op, så vi kan indrette os på samme måde med brintbiler som med benzin- og dieselbiler. Benzintankene skal blot udstyres med brint-standere. Elnettet påvirkes ikke, brintbiler afstedkommer ikke et gigantisk gravearbejde med nedlægning af ekstra elkabler. Brintbilerne skal ikke have førsteret til parkeringspladser og indgår i alle henseender på lige fod med benzin- og dieselbiler i det samlede transportbillede. Der er ingen offentlige omkostninger knyttet til brintbiler.

Når vi ser på byer med karrébyggeri over store områder, og hvor der bor rigtig mange mennesker, ser elbilen ikke ud til at have en fremtid. Hér er vi nødt til at satse på brintbiler. I forstæderne og på landet, hvor mange borgere har en privat grund og mulighed for at opstille en privat ladestander, vil nogle borgere kunne få hverdagen til at fungere med en elbil. Om elbilerne får en udbredelse i sådanne områder afhænger af, om problemet med kapaciteten i elnettet kan løses på en rimelig måde. Som nævnt i forrige kapitel, må vi forvente, at omlægningen fra naturgas til fjernvarme eller varmepumper under alle omstændigheder vil medføre massiv opgravning af veje i de nuværende naturgasområder, og så kan man ved samme lejlighed forstærke elnettet – hvis man kan finde en fornuftig betalingsmodel, så man ikke bare lader varmekunderne dække elbilisternes infrastrukturomkostninger.

Medierne giver elbiler en meget positiv dækning i disse år, mens vi næsten intet hører om brintbiler. Automobilindustrien sender et stort antal nye modeller af elbiler på markedet i de kommende år. Automobilbranchen har en meget stor interesse i at fremme salget af elbiler. Det er desværre bare ikke i samfundets interesse. Der vil altid være plads til nogle elbiler, men det er utænkeligt, at elbiler skulle komme til at udgøre hovedstammen i den danske bilpark i 2030, endsige i 2050. Når regeringen og Folketinget udarbejder den første klimahandlingsplan, vil det være absolut nødvendigt, at man skitserer en vej til en bilpark domineret af brintbiler.

Der er efterhånden flere europæiske firmaer, der tilbyder at ombygge benzinbiler til brint, altså genbruge motoren som eksplosionsmotor, blot med brint som brændstof[12]. En sådan bil svarer ret nøje til en gasdrevet bil, som vi har mere end 70 års erfaringer med. Der er endnu kun meget få erfaringer med denne type ombyggede motorer. I bedste fald vil dette være en vej til at stille eksisterende benzinbiler om til brint, altså omstilling uden udskiftning. Dette har potentialet til at blive et vigtigt element i at nå målet om 70% reduktion i 2030.

Et udviklingsprojekt på Københavns Universitet[13] har reduceret forbruget af platin i brændselsceller til 20% af det hidtidige forbrug – eller et forbrug svarende til forbruget i en katalysator i en benzin- eller dieselbil. Det vil føre til billiggørelse af brintbiler og løse problemet med at skaffe platin nok, hvis en stor del af verdens biler skal køre på brint med brændselsceller. I Tyskland har Bosch forventning om at kunne reducere platinforbruget med 90%.

---

12 https://pureenergycentre.com/hydrogen-engine/

13 https://www.berlingske.dk/videnskab/har-koebenhavns-universitet-banet-vejen-for-brintbilens-gennembrud

Diskussionen omkring el- eller brintbiler er et udmærket eksempel på, at systemisk tænkning er nødvendig. Hvis man ikke får tænkt alle de effekter, der kan få betydning for en given beslutning, ind i beslutningerne, risikerer man at blive overrasket, når der pludselig viser sig problemer, som skal løses gennem uforudsete investeringer.

Vi kender ikke prisen på infrastrukturen til at oplade et stort antal elbiler – Eldrup-kommissionen har endnu ikke i starten af januar 2021 afgivet sin delrapport om emnet – mens infrastrukturen til et tilsvarende antal brintbiler er gratis for samfundet. Infrastruktur-prisen skal regnes med, hvad enten elbil-ejerne skal betale selv, eller samfundet vil opkræve penge fra os alle sammen over skatten eller elprisen til at holde dem kørende.

Så længe elbiler og brintbiler ikke er konkurrencedygtige på pris med benzin- og dieselbiler, er det svært at se, hvordan vi skal få danskerne til at vælge en el- eller brintbil, når de skal ud at købe en ny bil. Der må ikke sælges nye benzin- og dieselbiler efter 2029, så fra 2030 vil der ikke komme nye fossilbiler ud på vejene. Men hvad med alle de biler, der sælges i 2020'erne? Hvor længe vil de blive ved med at køre rundt på fossilt brændstof? Og hvor mange vil der være af dem i 2030? Risikerer vi et boom i salget af benzin- og dieselbiler i slutningen af 2020'erne?

Med det konstaterede salg af el- og brintbiler i 2019 ser det vanskeligt ud. Prisen på specielt brintbiler vil falde gennem 2020'erne, og det vil hjælpe, men det vil næppe være nok. Det vil ikke lykkes uden regulering.

En mulighed er at sætte kvoter for, hvor mange nye fossilbiler, der må sælges, år for år op gennem 2020'erne. Det vil give bilbranchen et værdifuldt overblik og begrænse antallet af nye fossilbiler. En anden mulighed er at begrænse bilernes levetid til for eksempel 15 år for biler købt i 2021 faldende til 10 år for biler købt i 2029. Det vil kunne modvirke et boom i salget af fossilbiler i slutningen af 20'erne. Andre virkemidler er justering af registreringsafgift, ejerafgift og brændstofafgift. Eldrup-kommissionen har frigivet en delrapport om dette, men den beskæftiger sig desværre kun med elbiler, og infrastrukturrapporten kommer først i starten af 2021.

7.2 Last- og varebiler og specialkøretøjer

Lastbiler og mange varebiler har behov for stor rækkevidde og hurtig optankning. Med høj nyttelast har de også et stort energibehov. Brint er den rigtige løsning for sådanne køretøjer. Hvis de skulle køre på batterier, ville batterierne blive for store og tunge, og man ville stadigvæk have problemet med, at ladetiden ville være spildtid for både køretøj og personale. Det er almindeligt anerkendt, at brint er løsningen til tung trafik. Brintbilens rækkevidde er alene bestemt af tankens størrelse.

Nogle varebiler og specialkøretøjer vil afhængigt af deres anvendelse kunne være el-køretøjer. Det kunne være håndværkerbiler eller for eksempel skraldebiler. Så længe de ladestationer, de skal benytte, kan tilsluttes elnettet, uden at det giver anledning til forstærkning af dette, kan sådanne el-køretøjer være en udmærket løsning. Men hvis det giver anledning til, at der skal graves ekstra elkabler ned, bør det overvejes at lade ejeren af el-køretøjet dække regningen, og så er det sandsynligt, at et tilsvarende brint-køretøj vil være en både billigere og bedre løsning.

Lastbiler – og dieselbiler generelt – er med rette udskældt for at lave luftforurening med partikler og kvælstofforbindelser, de såkaldte NOX'er. Det afstedkommer et betydeligt træk på ressourcer i sundhedsvæsenet. Disse omkostninger vil falde brat, når lastbiler og andre diesel-køretøjer er udskiftet med el- eller brintkøretøjer. Det forlyder, at bilindustrien har udviklet nogle nye dieselmotorer, der kun udleder en brøkdel af de partikler og NOX'er, vi ser i dag, men det hjælper ikke på de nuværende køretøjer: 13.000 busser, 389.000 varebiler (hvoraf en del kører på benzin), 28.000 lastvogne og 14.500 sættevognstrækkere (ultimo 2019)[14]. Og CO2-forureningen fra de nye køretøjer er uændret.

Flere steder i Europa har man eksperimenteret med at opstille en form for kørestrømsanlæg over det inderste spor på motorveje, så el-lastbiler kan lade op, mens de kører på motorvejen. Ud over at det er en klodset, skrøbelig og ufleksibel løsning, er det også alt, alt for dyrt. Det vil aldrig kunne betale sig, med mindre man lader skatteborgerne betale infrastrukturen. Og det er helt overflødigt. Det er langt billigere og bedre at køre på brint.

Flere og flere kommuner skifter over til elbusser i disse år. Det er også fint, hvis de kan køre en hel dag på en opladning, og der er kapacitet i elnettet til at lade dem op om natten.

Så tidligt som i 2003 gennemførte EU et forsøg med brintbusser i 10 storbyer, herunder Stockholm[15]. Det fungerede fint. I et nyt EU-støttet forsøg er brintbusser sat i drift i Ålborg og Nordjylland i maj 2020[16].Det er kun os selv, der er til hinder for, at brintbusser finder vej ind i det offentlige transportnetværk.

---

14 https://www.vejdirektoratet.dk/side/trafikkens-udvikling-i-tal, "Se de seneste nøgletal (XLS)", fane KTB1

15 https://trimis.ec.europa.eu/project/clean-urban-transport-europe#tab-outline

16 https://energiwatch.dk/Energinyt/Renewables/article12085866.ece

7.3 Jernbaner

Elektrificering af jernbanerne har været på dagsordenen i rigtig mange år. Det startede med S-banen i København og fortsatte med elektrificeringen af fjernbanenettet i 1980'erne og fremover. Elektrificeringen af fjernbanenettet gik i stå i 1990'erne, da man var kommet til Fredericia, og der ikke kunne skabes politisk enighed om, om strækningen Fredericia-Århus skulle elektrificeres med de nuværende spor, eller om man skulle bygge en ny Vejlefjordbro og rette banen ud mellem Vejle og Århus for at spare rejsetid. Det var ellers slet ikke tanken, at der skulle køre dieseltog igennem Storebæltstunnelen for at undgå tilsodning af installationerne i tunnelrørene, men da man ikke kunne blive enige om fremtiden for Fredericia – Århus – Ålborg, og DSB ikke ville byde rejsende til Midt- og Nordjylland at skulle skifte tog i Fredericia, kører der stadigvæk dieseltog som for eksempel IC3 gennem tunnelen.

Elektrificering er rigtig dyr. Det nuværende trafikforlig omfatter en elektrificering af banestrækningen Fredericia – Aalborg. Investeringen løber op i 10 milliarder kroner og vil tage 15 år at realisere. Ikke færre end 40 broer skal ombygges for at skabe mere frihøjde til installation af kørestrømsanlægget og pantograferne, der tager strømmen ned i toget fra kørestrømsledningen. Erfaringen viser, at det giver driftsforstyrrelser i den periode, hvor anlægget etableres – forøget rejsetid – tab af værdifuld tid for de rejsende – flere, der vælger at tage bilen – trængselsproblemer på de krydsende veje – dårligt for samfundet.

På en forespørgsel fra forfatteren af denne bog har Transport- og Boligministeriet oplyst, at man agter at gennemføre elektrificeringen fra Fredericia til Ålborg, fordi der er en god samfundsøkonomi i projektet. Man oplyste endvidere, at batteritog kunne komme på tale på sidebaner, men at det primære fjerntrafiknet ville blive elektrificeret.

Det er jo dejligt, at der er en god samfundsøkonomi i at gøre det, men hvad hvis der er en meget bedre samfundsøkonomi i at køre på brint i stedet? I det omfang der opstilles nye kørestrømsanlæg, skal der indkøbes nye, elektriske tog – der skal købes nye tog under alle omstændigheder, men nye brinttog vil næppe være 10 mia kr[17] dyrere end nye elektriske tog. Og brinttogene kan køre på alle strækninger, hvad enten der er et kørestrømsanlæg eller ej. Det skal bemærkes, at de 10 mia kr indeholder en ny togbro over Vejle fjord og baneudretning, så der på mange strækninger kan køres med 200-250 km/t.

Der er megen vedligeholdelse på et kørestrømsanlæg. Togdriften bliver forstyrret, når der for eksempel ind imellem falder køreledninger ned. Sikringsanlægget skal også indrettes, så det tager højde for, at når signalerne og sporskifterne indstilles til den rute, toget skal køre, så skal kørestrømsanlægget også indstilles tilsvarende. Det gør sikringsanlægget mere komplekst. Der har været arbejdet i årevis på en modernisering af sikringsanlæggene på de danske baner, og det har givet massive overskridelser af både tidsplaner og budgetter. Det gør det endnu mere vanskeligt, hvis kørestrømsanlæggets styring også skal integreres i sikringsanlægget.

Det ovenstående er endnu et eksempel på, at systemisk tænkning er nødvendig, hvis man vil nå frem til de bedste beslutninger. Uden systemisk tænkning er der frit slag til at "glemme" de omkostningsparametre, der er ubekvemme for det resultat, man gerne vil nå frem til.

---

[17] https://www.ft.dk/samling/20131/almdel/tru/bilag/11/1286773/index.htm

Et kørestrømsanlæg holder jo ikke evigt. En skønne dag skal det tages ned og skrottes. Det koster også rigtig mange penge, og det skal også gøres, mens "normal" togdrift så vidt muligt opretholdes.

Udgiften til elektrificering kan reduceres væsentligt, hvis man opgiver Vejlefjordbroen (4 mia kr) og de planlagte baneudretninger, men så bliver rejsetiden fastholdt på det nuværende niveau, og timemodellen må opgives.

Ulemperne med kørestrømsanlægget kan helt og holdent undgås, hvis vi beslutter at køre på brint i stedet for at elektrificere for et 2-cifret milliardbeløb – og CO2-gevinsten kan scores, lige så snart brinttogene er anskaffet og brintforsyningen er sikret, ikke om 15 år eller mere. Det er simpelthen ubegribeligt, at Transport- og Boligministeriet hidtil ikke har villet analysere denne mulighed seriøst.

Der arbejdes for tiden på at indsætte eltog, der kører på batterier, på diverse sidebaner. Der er ingen planer om at afprøve brinttog. I Tyskland har de sat et brinttog i drift på en 100 km banestrækning omkring Bremen[18]. Fra dansk side har man ønsket at samarbejde om en brintbaseret togservice fra Tyskland op over Kruså til Esbjerg, men den danske baneinfrastruktur på den pågældende strækning er for ringe til, at de tyske operatører ville medvirke.

Der skal fra forfatterens side lyde en opfordring til, at den kommende klimahandlingsplan pålægger Transport- og Boligministeriet at vurdere samfundsøkonomien ved at opgive elektrificeringen Fredericia-Ålborg og indsætte brinttog på hele strækningen København – Ålborg i stedet. Samt at ministeriet

[18] https://ing.dk/artikel/saa-koerer-brinttoget-tyskland-21450

arbejder konkret, hurtigt og konstruktivt på at udbrede brinttog til resten af Danmark.

Til slut et par ord om letbaner: Langs Ring 3 i København sætter man også et kørestrømsanlæg op på den nye letbane. Hvis man havde satset på brinttog, havde kørestrømsanlægget været overflødigt. Er der nogen, der har regnet på økonomien i det? Incl. drift og vedligeholdelse samt nedtagning af kørestrømsanlægget, når det er udtjent eller tiden er løbet fra det? Det samme gør sig gældende for letbanen Odder-Århus-Grenå.

7.4 Skibsfart og luftfart

Både skibsfart og luftfart er underlagt international regulering. Danmark kan således ikke énsidigt pålægge skibs- og luftfarten restriktioner, der gælder udenfor dansk territorialfarvand og -luftrum. Danmark er repræsenteret i de internationale fora, der står for reguleringen og kan gøre sine synspunkter gældende dér, men forandringer kommer kun langsomt.

Hverken international skibs- eller luftfart regnes med i FN's klimaregnskaber. Europaparlamentet har argumenteret for, at alle lande bør "inkludere emissioner fra international skibs- og luftfart i deres nationale bidragsplaner"[19]. Det fremgår ikke, hvilke emissioner, der er tale om. Danmark er en stor søfartsnation med verdens femtestørste handelsflåde. De fleste danske skibe anløber sjældent eller aldrig dansk havn. Skal hele den danske skibsfarts emission tillægges Danmarks CO2-regnskab?

---

[19] https://www.europarl.europa.eu/news/da/press-room/20191121IPR67110/europa-parlamentet-erklaerer-klimakrise

En tilsvarende uvished gælder luftfarten. Er det den danske ejerandel af SAS, der skal bestemme, hvilket CO2-bidrag, der skal tillægges Danmark, eller skal der opstilles andre kriterier? Det er svært at opstille éntydige kriterier for fordeling af den internationale sø- og luftfarts emissioner, og det bliver sikkert umuligt at opnå international enighed herom.

I perioden 1990 til 2017 er den internationale luftfart steget med knap 130% og den internationale skibsfart med godt 30%[20]. I foråret 2020 har corona-virussens spredning givet et stort tilbageslag for luftfarten, mens skibsfarten som følge af globaliseringen stadig flytter enorme mængder af varer rundt på kloden. På den anden side af corona-krisen vil verden formentlig over tid vende tilbage til niveauet fra 2019.

Der er forandringer på vej for luftfarten. Passagererne er i stigende grad klimabevidste, og det er blevet en konkurrenceparameter for luftfartsselskaberne at levere flyrejser med stadig mindre klimaaftryk. Det er med dagens teknologi meget svært at forestille sig batteridrevne fly, men de første brintfly er i prototypefasen. Sekspersoners brintfly med 500 miles rækkevidde forventes typegodkendt i 2021. Der udvikles også et 20 personers brintfly med en rækkevidde på 500 miles. Sådanne fly vil kunne dække 50% af flytrafikken i Europa. Når disse fly kommer ud i kommerciel drift, vil de ændre konkurrencesituationen i flybranchen og medføre store reduktioner af luftfartens CO2-udledning. Airbus har 3 prototyper brintfly på vingerne allerede.[21]

Tilsvarende er skibsfarten presset af konkurrence på fragtmarkederne til at energioptimere og dermed sænke

---

[20] https://www.europarl.europa.eu/news/da/headlines/society/20191129STO67756/co2-udslip-fra-luft-og-skibsfart-fakta-og-tal

[21] These new Airbus concept aircraft have one thing in common - Innovation - Airbus

emissionerne. Mærsk har opnået væsentlige brændstofbesparelser ved at reducere marchhastigheden på nogle af deres skibe med nogle få knob, og rederiet eksperimenterer også med brintskibe.

Norge arbejder på at blive det første land i verden med brintfærger i daglig drift. Der udvikles en færge, der sejler på flydende brint, som skal opbevares ved -253 grader Celcius[22].Herhjemme har Mols-linjen meddelt, at den vil satse på fossilfri færgefart.[23] Det vil ske over en længere årrække.

Herhjemme sejler Ærø-færgen og Helsingør-Hälsingborg overfarten på batterier, men begge steder har der været begyndervanskeligheder. En norsk batterifærge fik brand i batterirummet, og selv om branden tilsyneladende blev slukket, skete der en eksplosion dagen efter[24]. Som nævnt i afsnit 7.1 om personbiltransport er brande i batterier svære at håndtere.

Flere og flere havne kræver af krydstogtskibe, at de slukker motorerne og forsyner skibet med strøm fra land, så længe det ligger ved kaj. Dette reducerer både CO2-emissionen og forureningen med partikler og NOX'er fra krydstogtskibe.

Haldor Topsøe arbejder på udvikling af anlæg til opformering af methan og methanol fra brint. Disse såkaldte elektrofuels kan i fremtiden blive vigtige for både luft- og skibsfarten, da de er nemme at opbevare og håndtere, og energitætheden er meget større end komprimeret brint, hvorved pladskravet til brændstofbeholdere reduceres sammenlignet med brint.

---

[22] http://www.biopress.dk/PDF/verdens-forste-brintfaerge-skal-have-flydende-brint-i-tanken

[23] Molslinjen satser milliard på fossilfri færgefart - Leder IDAG

[24] https://ing.dk/artikel/norsk-batterifaerge-eksploderet-fredag-fortsat-brandfare-bord-229523

Teknologien er dog stadig umoden, og disse elektrofuels vil under alle omstændigheder være dyrere end brint, da brint er én af de ingredienser, de laves af.

Alt i alt er det relativt beskedent, hvad de danske myndigheder kan gøre for at reducere udledningerne fra skibs- og luftfarten. Hvis det samlede transportarbejde bliver ved med at stige, er det svært at se, hvornår skibs- og luftfart kan blive CO2-neutrale.

8. Industri

Tre af regeringens klimapartnerskaber handler om industri:

- Life science og biotek
- Produktionsindustri
- Energitung industri

Industrien er et konglomerat af rigtig mange meget forskellige virksomheder. Det er vanskeligt at sige noget generelt om industriens muligheder for CO2-reduktioner. Regeringens ambition er, at industrien skal bære sin del for at nå reduktionsmålene, men dels har industrien på grund af konkurrencesituationen allerede gennem rigtig mange år arbejdet med energioptimering, så der ikke er ret mange nemme indsatser at gøre, dels er nogle industrier så energitunge, at det ville kræve helt nye materialer og produktionsmetoder at nedbringe energiforbruget væsentligt. Det største håb må knyttes til, at industrien omstiller sig til at bruge elektricitet eller brint som eneste eller primære energikilde, men det kan medføre meget betydelige omkostninger, og det efterlader os igen med problemet, om elnettet er i stand til at føre strøm i tilstrækkelige mængder frem til de relevante adresser. Endvidere er der i dag et stort overskud af spildvarme, der ikke nyttiggøres, men som kunne føres over i fjernvarmesystemerne.

Industrien skal selvfølgelig give sit bidrag, også selv om det er svært. Som vi så i kølvandet på oliekrisen i 1970'erne førte kravet om større energieffektivitet en masse innovation med sig, mest tydeligt indenfor vindkraft og efterisolering af boliger, og det samme vil ske, hvis vi stiller CO2-krav til industrien i dag. En overskuelig måde at administrere det på er indførsel af CO2-afgifter. Dette bør dog koordineres via EU og internationale organer for at undgå konkurrenceforvridning.

9. Landbrug

Landbrugets udledning af drivhusgasser udgjorde i 2017 21% af Danmarks samlede udledning. Heraf stammede 63% fra kvægproduktion – hovedsageligt malkekvæg, og 32% fra svineproduktion. Drivhusgasserne fra landbruget fordelte sig med 43% lattergas, 55% methan og 2% CO2. Opbevaring af husdyrgødning og udbringning af den på markerne er en væsentlig kilde til både lattergas- og methanudslip. Køer udleder også methan som resultat af deres fordøjelse[25].

Landbrugsproduktionens samlede værdi udgjorde i 2019 87 mia kr. Forbruget i forbindelse med produktionen var 55,7 mia kr. Forbrugsposten omfatter hovedsagelig foder, gødning og kemikalier. Værdiskabelsen i landbruget i 2019 udgjorde således 31,5 mia kr. Når der herefter medregnes driftstilskud, skatter og afgifter, løn til ansatte og renteposter endte landbruget med et resultat på 22,8 mia kr[26]. 2019 var et usædvanligt godt år, blandt andet grundet høje noteringer på svinekød.

Den animalske produktion udgjorde en samlet værdi på 50,3 mia kr i 2019. Heraf stammede 15,4 mia fra mælk, 2,8 mia fra kvæg og 26 mia fra svin. Produktionsomkostningerne omfattede blandt andet 25,3 mia til foderstoffer, 2,5 mia til udsæd, 3,4 mia til energi og 4,8 mia til gødning og bekæmpelsesmidler. Den animalske produktions andel af landbrugets samlede resultat er således ca 15 mia kr. Det er et stort beløb, men det er ikke meget i forhold til Danmarks bruttonationalprodukt.

---

25 https://lbst.dk/tvaergaaende/klima/landbrugets-drivhusgasudledninger/#c50790

26 https://static-curis.ku.dk/portal/files/232136845/Landbrugets_konomi_2019.pdf tabel 1.1 side 9

Siden 1960'erne er landbruget i stigende grad blevet industrialiseret. I 1950 var der 200.000 fuldtidslandbrug. I dag er der ca 10.000 landbrug tilbage, og udviklingen med sammenlægninger fortsætter. Landbrugets historiske udvikling er fint beskrevet af Jørgen Steen Nielsen i "Hvad skal vi med landbruget?" (Informations Forlag, serien "Moderne ideer", 2016).

Fra liberaliseringen af landbrugsloven i 2015 til 2018 er et samlet areal på 66.500 Ha svarende til 1/3 af Fyn overgået til udenlandsk ejerskab, primært kapitalfonde[27], hvis eneste interesse i landbruget er at tjene penge på det. Denne udvikling kan snart gøre det vanskeligt at gennemføre nødvendige forandringer i landbruget, og på sigt risikerer vi, at vi ikke kan brødføde os selv, fordi ejerne sælger den danske landbrugsproduktion på deres egne hjemmemarkeder eller til tredielande. Det er skræmmende perspektiver!

Indtil 1960 havde vi i Danmark i 1000 år haft et bæredygtigt, økologisk landbrug. Der var balance mellem den mængde husdyr, man holdt og det areal, der blev dyrket. Man spredte risikoen ved at holde både kvæg, svin, får og høns (og heste som trækkraft). Jorden kunne år efter år brødføde hele befolkningen. Det virkede. I dag er 10% af landbrugsjorden økologisk dyrket. Resten er "konventionelt" landbrug, hvor dyreholdet er helt ude af balance med det dyrkede areal, så der skal importeres enorme mængder af foderstoffer, som produceres langt fra Danmark under elendige forhold, ofte på arealer, der hidtil har ligget hen som skov. CO2-belastningen tilskrives det land, hvor foderet er dyrket, hvorved CO2-aftrykket af vores husdyrhold bliver helt fortegnet. Kød- og mejeriprodukter er langt mere CO2-belastende, end det

---

27 Kapitalfonde tager dansk landbrug fra os, hvis ikke vi alle sammen bliver gårdejere | Information

fremgår af Danmarks CO2-regnskab.

I gamle dage pløjede landmændene langs højdekurverne, hvorved marken lægges i et terrassemønster, der er velegnet til at holde på regnvand. Efter sammenlægningen til storbrug og fjernelse af et stort antal læhegn pløjes nu direkte op og ned ad bakkerne, hvorved plovfurerne kommer til at danne små vandløb, der fører regnvand ned til de lavtliggende områder, der bliver oversvømmet[28]. Resultatet er vandløb, der går over deres bredder og skaber problemer for nogle helt andre end landmændene. Særligt Jylland har været hårdt plaget af oversvømmelser i vinteren 2019/20. Hvis landbruget havde pløjet langs højdekurver, ville det have reduceret problemernes omfang.

I driftsformen "conservation agriculture" pløjes der slet ikke, og jorden holdes plantedækket hele året. Ifølge danske forsøg skulle høstudbyttet svare til det konventionelle landbrugs, men CO2-bindingen er meget større, og forbruget af diesel – og arbejdstid – meget mindre. Samtidig har det en stor betydning for biodiversiteten[29]. Conservation agriculture bør undersøges nøjere, så det afklares, i hvilket omfang det kan anvendes i forbindelse med såvel økologisk som konventionelt landbrug.

Det konventionelle landbrug opretholder et unaturligt stort høstudbytte ved at overgøde jorden og sprøjte med kemikalier mod ukrudt og skadedyr. Resultatet er, at overskydende gødning og kemikalier siver ned i vores grundvand, som bliver forurenet, og ud i vores vandløb og søer, hvor vandkvaliteten bliver ødelagt af iltsvind og overgroning af alger. Det hele ender i havmiljøet, der lider samme skæbne. I dag er Lillebælt tømt for fisk, og det er ikke fiskeriets skyld! Vores fjorde og

---

28 Kirsten Olrik, debatindlæg i Information 30/3-2020

29 Jørgen Aagaard Axelsen, Søren Ilsøe og Jens Toksvig Bjerre, kronik i Politiken 17/10-2019

bælter, som tidligere forsynede os med en rigdom af fisk, rejer og andre skaldyr, lider i dag under overforbruget af gødning og kemikalier fra landbruget.

De konventionelle jorder bliver langsomt tømt for organisk materiale, og jorden ender med at blive kold og gold. Økologisk jord indeholder store mængder af humus, som binder CO2. CO2-bindingen i økologisk jord er ca 6 gange så stor som i konventionelt dyrket jord. Vi ville kunne binde enorme mængder af CO2 i landbrugsjorden, hvis alt landbrugsareal blev dyrket økologisk, ligesom før 1960. Humus binder jordpartiklerne sammen, så mulden ikke blæser væk, når markerne er pløjet, harvet og tilsået og ligger åbne for vindens hærgen, uden plantedække. I det økologiske landbrug tilføres jorden næring i form af staldgødning, idet husdyrholdet balanceres i forhold til de jordarealer, der afsættes til at dyrke foder. Der skal ikke tilføres hverken kunstgødning, pesticider eller andre kemikalier eller foder til dyrene udefra. Det er bæredygtigt – det kan fungere lige så langt ud i fremtiden, vi vil.

Det kan det konventionelle landbrug ikke! Et astronomisk dyrehold gør det nødvendigt at importere enorme mængder soya og andre foderstoffer. Vi har en kæmpestor kødproduktion og -eksport. Vi har 30 mio svin, og landbrugets organisationer vil have endnu flere, med støtte fra Danish Crown, der låner penge ud til landmændene til udbygning af deres svinefabrikker. Overskuddet fra eksporten luner hos både landmændene og i statskassen, men der produceres enorme mængder gylle, hvoraf en del afgasses i biogasanlæg. Herefter er det et miljøproblem, for der produceres langt mere gylle, end der er brug for på markerne – og så havner det i vandløbene og grundvandet. Vi har det princip, at når nogen forurener, skal de selv betale for oprensningen. Det gælder bare ikke landbruget. Når landbruget forurener, er det skatteborgernes problem. Jorden bliver udpint, og CO2-bindingen i jorden er tæt på fraværende på en overgødet mark. Når grundvandsboringer lukkes på grund af forurening fra landbruget, er det vandværkernes problem at finde alternativ forsyning – og forbrugernes problem at betale for det.

Det konventionelle landbrug er endvidere en katastrofe for biodiversiteten. Danmarks bestand af fugle er reduceret med 25 mio siden 1950, og mange arter er udryddet eller udryddelsestruede. Nu er også bier og andre bestøvere i alarmerende tilbagegang. Landbrugets brug af glyphosat (aktivstoffet i bl.a. Roundup) slår bierne ihjel[30]. Den gevinst, bønderne henter på brug af sprøjtemidler står slet ikke mål med det tab, der truer alle planteavlere, der er afhængige af bestøverne. Det er noget, vi stadig kan nå at stoppe, men det er på høje tid – og hidtil har der beskæmmende nok ikke været politisk vilje til det. Tværtimod har Danmark skaffet sig en dispensation fra EU til fortsat at anvende glyphosat på markerne.

Tilhængere af det konventionelle landbrug fremhæver, at CO2-optaget på konventionelle marker er større end på økologiske, fordi høstudbyttet er større. Det er korrekt, men hvis landbruget selv skulle betale for håndteringen af den forurening, det afstedkommer, og den CO2-belastning, dyreholdet medfører, ville hele det konventionelle landbrug gå konkurs. Kun de økologiske landmænd ville kunne fortsætte. Hvordan kan det være, der er politisk opbakning til noget så selvdestruktivt?

Skovlandbrug er en driftsform, der er kendt i troperne men ikke

---

30 Forskere: Et produkt, som mange bruger, dræber bier - Viden (jyllands-posten.dk)

herhjemme. I skovlandbrug plantes træer på markerne. Træerne binder meget mere CO2 end de konventionelle marker, og de leverer skygge og føde til husdyr, der afgræsser markerne samt øger biodiversiteten og dyrevelfærden, ligesom træerne forbedrer vandbalancen. "Grønt Udviklings- og Demonstrationsprogram", GUDP, under Miljøstyrelsen har netop bevilget 11,6 mio kr til et forsøg, hvor 4 gårde i samarbejde med blandt andre Københavns Universitet laver skovlandbrug over en 4-årig periode. Det er forventningen, at 150.000 hektar landbrugsjord vil være omlagt til skovlandbrug i 2030. Miljøstyrelsen anfører på sin hjemmeside[31]: "Skovlandbrug er ikke hele løsningen på alt, men det vil givetvis kunne være en del af de løsninger, som kan gøre landbruget mere bæredygtigt."

Biogas er en succeshistorie i Danmark, men hvad bygger den egentlig på? Hvis vi vil satse på at have en fremtid som landbrugsnation, skal vores landbrug være bæredygtigt. Import af foderstoffer går ikke i længden. Gylle og komøg, som landbruget ikke selv kan nyttiggøre på en bæredygtig måde og uden forurening af omgivelserne, har vi ikke plads til i fremtidens landbrug.

Vi skal have et husdyrhold, der balancerer med vores dyrkede areal og leverer netop den mængde husdyrgødning, vores marker har brug for. Ikke større, ikke mindre! Hvis der herved produceres mere mælk og flere svin og køer, end vi selv kan spise, kan vi eksportere overskuddet. Vores landbrug er i dag helt skævt, fordi vi har stirret os blinde på eksportmulighederne og ikke har erkendt, at det er en kortvarig fornøjelse, der bygger på rent misbrug af jorden og miljøet. Det kan man ikke bortforklare ved at lovprise biogas. Biogas anses for grønt i

---

31 https://mst.dk/erhverv/groen-virksomhed/groent-udviklings-og-demonstrationsprogram-gudp/gudp-projekter/2020-projekter/robust/

dag, men når baggrunden for biogaseventyret er, at vi har en kæmpe import af foderstoffer, som laver negative klimaaftryk i producent-landene, og vores egen jord bliver udpint og forgiftet og vores vandmiljø forurenet, er det ingen succes. Så lad os holde op med at fejlinvestere i biogasanlæg, der kører på gylle og møg fra alt for mange husdyr. Det bliver ikke en succes af at være stort. Det bliver bare dyrere, når det går galt.

Det er en kæmpe opgave at omstille landbruget til økologisk landbrug, specielt fordi vi de sidste 20 år er gået i en helt forkert retning med det konventionelle landbrug. Men det nuværende landbrug vil ikke overleve. Hvis landbruget skal have en fremtid, skal jorden dyrkes økologisk igen. Så kan jorden absorbere sin del af CO2-overskuddet, og vores vandmiljø og grundvand bliver rent igen. Og priserne på importeret dyrefoder vil stige til himmels den dag, hvor foderet vil blive pålagt afgifter, der afdækker den forurering, dyrkningen afstedkommer. Det vil slå fødderne væk under det konventionelle landbrug.

Omstillingen af landbruget kommer til at tage mange år. Netop derfor er det så vigtigt at lægge en 20-30-årig plan, der udstikker kvoter for nedbringelsen af husdyrholdet og overgangen til bæredygtige dyrkningsmetoder. Det vil også give mejerier og slagterier en forudsigelighed, de kan bruge til at skære produktionskapaciteten ned på en kontrolleret måde.

Som det fremgår af det ovenstående, er landbrugets energiforbrug relativt lille. Mange af de største brug har egne biogasanlæg, hvor de afgasser gyllen. Der findes også fælles biogasanlæg, hvortil gyllen transporteres for afgasning og derefter transporteres tilbage til landbrugsbedriften med henblik på spredning på markerne. Hvis landbruget stilles tilbage til økologisk brug med et balanceret husdyrhold, vil hele biogas-området skulle gentænkes. Mængden af gylle og komøg vil falde drastisk, så samfundet skal ikke planlægge med vækst i produktionen af biogas. I sommerperioden, hvor dyrene – ikke blot køer men også grise! – er ude på markerne, vil produktionen af gylle og komøg og dermed af biogas falde helt bort. Vi må forestille os, at hele landbruget på sigt omstilles til at køre på elektricitet, og at biogas alene produceres i forbindelse med afgasning af affald, herunder husholdningsaffald, slagteriaffald og andet industrielt affald.

Hvis husdyrholdet skæres ned til en balanceret størrelse, vil reduktionen af drivhusgasser blive meget omfattende. I så fald kan landbruget nemt opfylde sine forpligtelser til at reducere med 70% i forhold til 1990. Til gengæld vil landbruget aldrig kunne blive emissionsfrit, da der nødvendigvis må være et balanceret husdyrhold, der i sig selv giver anledning til udslip af drivhusgasser. Man kunne i princippet lave lukkede miljøer med absorption af drivhusgasser i staldene, men da økologiske husdyr er ude på markerne om sommeren og i nogle bedrifter endda hele året, kan en opsugning af drivhusgasser kun praktiseres i det omfang, de er på stald om vinteren.

Er det etisk forsvarligt at skære landbrugsproduktionen ned i en verden, hvor millioner af mennesker sulter? Ja. Hvis vi skærer husdyrholdet ned til det bæredygtige niveau og derved stopper importen af foderstoffer, kan det sparede foder bruges til menneskeføde eller erstattes af andre afgrøder, der er mere attraktive som menneskeføde. Da det kræver mindst 10 kilo planteprotein at fremstille ét kilo kødprotein, vil den vegetabilske produktion kunne brødføde 10 gange så mange mennesker som den tilsvarende kødproduktion. Så ja, det er i høj grad etisk forsvarligt. Man må snarere spørge: Er det etisk forsvarligt at fortsætte med en skyhøj kødproduktion?

Det har været fremført, at vi er så effektive til at producere kød, og hvis vi stopper vores kødeksport, bliver det bare produceret i andre lande under dårligere betingelser. Det kan være rigtigt, men det retfærdiggør ikke, at vi opretholder en produktion, der ikke er etisk forsvarlig og ikke vil være mulig i længden. Samme argument har været anvendt om brug af kul i kraftværker og om en eventuel gennemførelse af den 8. udbudsrunde for efterforskning af olie i Nordsøen (som lykkeligvis er opgivet efter stærk folkelig modstand). Det holder simpelthen ikke!

Hvad så med følgeindustrierne, primært slagterier og mejerier? Disse industrier er fulgt med i en usund udvikling, der har ført til udpining af jorden, elendig dyrevelfærd, tab af biodiversitet, forurening af grundvandet, ødelæggelse af vores vand- og havmiljøer og penicillinresistens. Det kan vi heller ikke blive ved med at holde hånden under. Men med en 30-årig omstillingsperiode vil disse erhverv kunne afvikle overskudskapaciteten på en forsvarlig måde.

Dansk landbrug havde en storhedstid omkring år 1900, hvor over 200.000 landbrug var ejet af landmandsfamilierne, og andelsbevægelsen gav landmændene ejerandel i og indflydelse på de lokale mejerier, slagterier, brugsforeninger og elværker. Landbruget var bæredygtigt. Dyrevelfærden høj i forhold til i dag. Risikoen var spredt over mange afgrøder og husdyrtyper. Landbruget beskæftigede en meget stor andel af vores befolkning. Der er ikke noget, der er blevet bedre af at være blevet større. Vi har skabt en verden, der er utrolig følsom for internationale konjunkturer på grund af specialisering og stordrift, hvor ejerskabet er samlet på ganske få hænder, der ofte ikke er forankret i landbrugserhvervet, og hvor forbløffende få fuldtidslandmænd slider sig selv op på at holde konkursen fra døren. Når vi skal omlægge vores landbrug, kan vi hente inspiration fra den måde, det var indrettet på omkring år 1900. Vi kan ikke bare spole tiden tilbage, men vi kan arbejde målrettet på at genindføre de væsentligste kvaliteter, datidens landbrug havde, udfoldet i en nutidig kontekst. Udbredelse af andelstanken er et af de vigtige virkemidler i de forandringer, der beskrives i "Den Bæredygtige Stat" af Rasmus Willig og Anders Blok (Hans Reitzels Forlag, 2020).

Hvis landbruget omlægges som foreslået ovenfor, vil det føre til en meget væsentligt øget beskæftigelse i erhvervet. Det rejser naturligt spørgsmålet, hvor de ekstra hænder skal komme fra. De kan komme fra ungdommen og fra indvandring. Der ligger en stor uddannelsesindsats foran os, og dette er også en grund til, at landbrugets udvikling skal planlægges over en meget lang tidshorisont – som minimum frem til 2050. Hvis indførelse af industrirobotter medfører en markant reduktion af beskæftigelsen i andre sektorer, kan en del af dem, der herved bliver ledige, finde beskæftigelse i fremtidens landbrug.

10. Sektorkobling

Sektorkobling er et modeord for tiden. Det dækker over, at rest- eller spildprodukter fra én sektor kan udnyttes i en anden. Vi har allerede i afsnit 6.1 og 9 været forbi adskillige eksempler på sektorkobling: Udnyttelse af spildvarme fra brintanlæg i fjernvarmesystemer (elsektoren koblet med varmeforsyningssektoren) og afgasning af gylle fra landbruget i biogasanlæg (landbrugssektoren med energisektoren). Sektorkobling giver mulighed for at udnytte de ressourcer, vi forbruger i samfundet, mere effektivt.

Hele vores videnskabelige verdensbillede er gennemsyret af specialisering. Sådan har det ikke altid været. H. C. Ørsted skrev en bog med titlen "Ånden i naturen". Teologi har været et obligatorisk fag ved universiteterne. Filosofikum – studiet af filosofi og etik – er først blevet afskaffet som obligatorisk fag ved Polyteknisk Læreanstalt (nu Danmarks Tekniske Universitet) efter 2. verdenskrig. Især siden 2. verdenskrig har specialiseringen taget fart. Det gennemsyrer også vores offentlige forvaltning, hvor de enkelte forvaltningsområder er dygtige til deres eget fag men ofte ved meget lidt om de andre. I dag er vi alle specialister. Hvis man ikke er rodfæstet i et speciale, er det meget svært at vinde indpas på det danske arbejdsmarked.

Specialiseringen har helt naturligt præget indretningen af samfundet, og det har medført, at det er meget svært at skabe sammenhæng mellem forskellige sider af samfundet. Det har længe været kendt, at der i grænsefladen mellem nabo-specialer ligger store muligheder for innovation og produktudvikling, men samfundet er ikke rigtig gearet til at udnytte det. Det er hér, sektorkobling kommer ind i billedet. Mange af de dygtige mennesker, der arbejder på at tegne et billede af fremtidens samfund – og herunder blandt andet af den grønne omstilling – har stor tiltro til, at sektorkobling kan give et meget væsentligt bidrag til den fremtidige samfundsindretning og velstand.

Der er mange eksempler på, at lovgivningen lægger hindringer i vejen for sektorkobling. For nylig har Fanø kommune stoppet et stort solcelleanlæg, der er monteret på en idrætshal. Grunden til dette mærkelige og uønskede skridt er, at lovgivningen hindrer, at kommuner må eje anlæg til elfremstilling. Kommunen havde lagt ejerskabet over i et selskab (som kommunen ejede – det må man godt), men den administrative byrde ved at drive selskabet var så stor, at kommunen ikke havde råd til at lade solcelleanlægget køre videre. Det er jo på godt dansk hul i hovedet. Hvor er lovgiverne henne? Det offentlige må ikke eje produktionsmidler og konkurrere med det private erhvervsliv i et kapitalistisk samfund, men det er jo bare noget, vi har vedtaget. Hvorfor bliver sådan noget ikke lavet om?

Et andet eksempel: Da Vestegnens Kraftvarmeselskab designede fjernvarmenettet i Københavns Vestegn og herunder lavede nogle meget store pumpestationer, foreslog forfatteren til denne bog projektledelsen, at man i stedet for et ventilationsanlæg til at køle pumperne opsatte en varmepumpe og sendte overskudsvarmen fra pumperne ned i fjernvarmesystemets returledning. Det ville spare brændsel på kraftværket i Avedøre. Desværre var situationen dengang, at det var billigere at fyre kul af på Avedøreværket, så det blev ikke til noget. Forfatteren spurgte så, om naboerne til pumpestationerne kunne få lov at suge noget varm luft fra pumpestationerne til sig og bruge det i deres eget varmesystem. Svaret var nej, for loven tillader ikke varme på den måde at krydse et matrikelskel. Det ville ellers have kunnet spare noget af kølingen på pumpestationerne.

Ét af landets mindste landsbysamfund ønskede at opføre et fælles solcelleanlæg for ca 50 ejendomme. Private solcelleanlæg har en elendig økonomi, med mindre ejerne kan bruge en stor del af strømmen selv. Det påtænkte fællesanlæg kunne hænge sammen økonomisk men faldt til jorden, da det viste sig, at beboerne ikke kunne trække strøm til eget forbrug fra solcelleanlægget, fordi forbruget var bundet til den matrikel, hvor solcelleanlægget skulle opføres. Strømmen skulle sælges til elselskabet for under halvdelen af elprisen, og så kunne beboerne købe den tilbage af elselskabet til fuld pris. Igen et godt projekt, hvor private ville bruge privat kapital på elproduktion, men som døde på grund af lovgivningen. Hvis alle danskere med lyst til og mulighed for at deltage i sol- og vindprojekter fik de rette muligheder, kunne samfundet måske spare et helt kraftværk, uden at det koster fælleskasserne en krone.

Disse og mange, mange andre eksempler viser, hvor svært det er for samfundet at udnytte de muligheder, der ligger i sektorkobling.

På industriens område har vi eksempler på vellykket sektorkobling, især udnyttelse af overskudsvarme. Men det er administrativt tungt og dermed forbeholdt de få meget store virksomheder. Vores lovgivere må forstå, at der skal skabes helt andre rammer for sektorkobling, hvis potentialet i dette skal frigives.

De mange renseanlæg rundt om i landet har masser af overskudsvarme, som kunne nyttiggøres, hvis bare lovgivningen tillod det. Der er masser af gode ideer til udnyttelse af spildprodukter i vores samfund. Hver gang vi nyttiggør affald (i bred forstand), skaber vi værdi både på affaldshåndteringen og ved værdiskabelsen hos modtageren af affaldet.

Sektorkobling er et væsentligt element i den cirkulære økonomi og EU-konceptet European Green Deal[32], se nedenstående afsnit 15.7.

32 https://ec.europa.eu/info/files/communication-european-green-deal_en

11. Elnettet som vores fælles livsnerve

Som det fremgår af det ovenstående, får elnettet en større og større betydning for vores samfund. I 2050 vil al den energi, som vi forbruger, i første omgang have form af el. Selv om noget af den vil blive omdannet til brint og muligvis andre såkaldte elektrofuels, som kan flyttes rundt i tankbiler, vil elnettet skulle transportere mere og mere energi rundt i vores samfund. Det nuværende elnet er grundlæggende dimensioneret til det forbrug, vi har i dag. Det er fornuftigt – vi tilpasser løbende kapaciteten til behovet. Men når samfundet ændrer sig, som det vil gøre over de næste 30 år, bliver der brug for meget mere kapacitet. Den eneste vej er at grave vejene op og nedlægge flere elkabler dér, hvor der er behov for det. Ud over prisen på gravearbejde, kabler med videre forstyrrer det også trafikken. Det har sin pris. Vi taler om trængselsomkostninger – folks spildtid, når de bruger unødigt lang tid på at komme fra A til B. De fleste arbejdstagere mister fritid, som kunne have været brugt på et bedre familieliv, efteruddannelse eller andre formål. Erhvervsdrivende som for eksempel håndværkere mister arbejdstid, og det er rigtig dyrt for samfundet. Gravearbejdet og dermed trængsels-omkostningerne skal derfor begrænses mest muligt.

Vi har ikke et elnet, og vi kommer ikke til at få et elnet, hvor man bare kan koble hvad som helst på, hvor som helst, når som helst.

Elnettet er fantastisk til at transportere strøm, men det kan ikke opbevare eller lagre strøm. I hvert eneste sekund skal der være balance mellem den mængde strøm, der bliver puttet ind i elnettet og den mængde, der bliver taget ud som forbrug. Det er en fantastisk vigtig og vanskelig opgave at sikre. Hvordan bliver den løst?

Vi er alle sammen kunder i et elselskab. Vi er vant til, at der kommer strøm ud af kontakten, når vi tænder for den, og vi betaler vores elregning. Men bagved alt dette har elselskabet en opgave med at melde ind til det statslige, overordnede elselskab, Energinet. Vores regionale elselskaber (dem, vi er kunder i) sender hele tiden prognoser over den forventede elproduktion og det forventede forbrug i regionen til Energinet. Prognoserne bygger på vejrmeldingernes forventning om vind og sol og erfaringstal for forbruget afspejlende årstiden, ugedagen, dagens længde og viden om storforbrugere som industrielle kunder med videre. Energinet sætter prognoserne fra alle de regionale elselskaber sammen og regner ud, om der er overskud eller underskud af strøm i elnettet, time for time, dag for dag, måned for måned, år for år. Hvis der er overskud, bliver nogle af kraftværksblokkene og/eller vindmøllerne stoppet, eller overskudsstrømmen bliver sat til salg på de internationale elbørser, hvor vi også kan købe strøm, hvis vi har underskud. Men først og fremmest søger vi at skabe national balance ved at starte eller stoppe kraftværksblokke og vindmøller. Det er et fantastisk system. Det er utroligt, at det kan lade sig gøre, men det kan det!

Hvis vi er kommet til at producere overskudsstrøm, som vi ikke kan sælge på elbørserne, er vi nødt til at betale vores nabolande for at aftage den. Modsat kan vi også ind imellem få penge for at aftage strøm fra vores nabolande. Det sker ikke så tit. Prisen på strøm på elbørserne er næsten altid positiv, men den svinger meget.

Som det fremgår indirekte af ovenstående, fungerer kraftværkerne som en regulator, hvor vi kan starte eller stoppe dem efter forgodtbefindende. De kører på kul, gas, biogas, træflis, halm og affald, og det koster ikke noget at lade dem stå stille, når der er rigeligt med grøn strøm i elnettet.

Kraftvarmeværkerne er nødt til at levere varme til fjernvarmekunderne, selv om der ikke er brug for elproduktionen, så det er lidt af et puslespil at få det til at gå op, men det kan de i elsektoren. Det er ret imponerende.

I dag producerer vindmøller og solceller ca halvdelen af den strøm, vi forbruger i samfundet. Vi kan ikke bare bygge flere vindmølle- og solcelleparker, fordi der allerede i dag er mange dage, hvor vi har overskud af strøm og er nødt til at stoppe vindmøller for at opnå balance i elnettet. Californien har USA's højeste elpriser, fordi de har bygget en utrolig masse vindmøller uden samtidig at tage højde for, hvad de skal gøre, når produktionen af vindmøllestrøm overstiger forbruget. Den situation skal vi undgå i Danmark.

Vi kan altså ikke øge andelen af grøn strøm med det elnet og det elforbrug, vi har i dag, men ikke desto mindre er opgaven at komme op på 100% grøn strøm i 2050. Hvordan skal vi gøre det?

Nøglen ligger ved kraftværkerne (og varmeværkerne). Vi er nødt til at opretholde den fleksibilitet, der ligger i at kunne starte og stoppe kraftværksblokke efter forgodtbefindende, så opgaven bliver at erstatte kraftværkernes nuværende brændsel med en anden energiform, som vi kan opbevare i lagre med en kapacitet, der svarer til kraftværkernes produktion i dag. Når vi er oppe i så stor en skala, er brint det eneste medie, vi kan bero på. Nogle få procent af behovet kan måske dækkes via varmelagre eller batterier, men det alt dominerende lagringsmedie kan kun være brint. Vi skal med andre ord bygge brintanlæg med brintlagre overalt, hvor der er gunstige betingelser for det. Nedenstående diagram er en forenklet fremstilling af, hvordan koblingen mellem varmeværker og brintanlæg løser opgaverne med at dække fjernvarmesystemets varmebehov, skabe balance i elnettet og skaffe brint til at dække transportsektorens og øvrige sektorers behov.

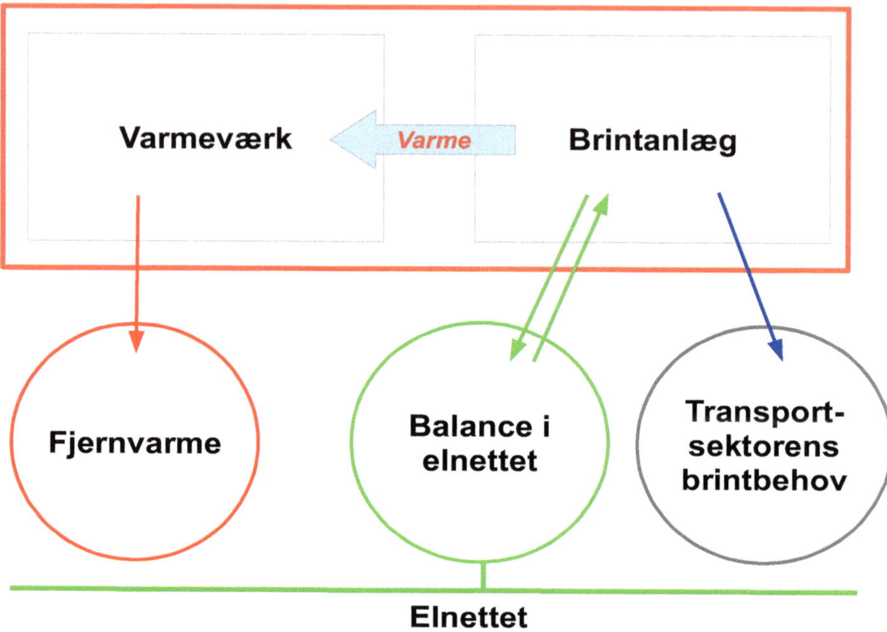

Det er sektorkobling når det er bedst! Derfor skal vi bygge brintanlæg i tilslutning til alle nuværende – og kommende! - varmeværker og kraftværker.

Det er en dejligt konkret opgave, som vores mange dygtige ingeniører vil elske at kaste sig over. Det starter selvfølgelig med en kolossal planlægningsopgave og myndighedsbehandling, inden man kan begynde at bygge, men det er vi vant til. Planlægningsopgaven skal skrives ind i den kommende klimahandlingsplan, og så er vi på kendt vej igen. Det skal nok lykkes.

Brinten kan transporteres rundt i samfundet i tankbiler. Det hér skitserede system er lige så fleksibelt som vores nuværende elsystem og kan skaleres op til at køre på 100% grøn strøm. Hvis vi så endda bygger lidt for store brintlagre af hensyn til forsyningssikkerheden, vil vi også ofte kunne købe billig strøm på elbørserne – og derved hjælpe vores nabolande af med deres overskudsstrøm – og sælge strøm, når nabolandene har underskud. Ser vi ud over hele Europa, kan dette ende med et system, hvor man aldrig er nødt til at stoppe vindmøller. Det gør økonomien i det samlede energisystem bedre, fordi man til enhver tid kan udnytte kapaciteten fuldt ud.

Vi ser med andre ord ind i en fremtid, hvor der er et brintanlæg ved alle vores varmecentraler, og hvor der i øvrigt vil komme flere og flere varmecentraler i takt med, at nuværende naturgasområder omstilles til fjernvarme. Alle disse anlæg skal kobles på elnettet. Det er jo dér, de får energien fra. Industrien vil også gradvist overgå til el (og/eller brint). Det er værd at bemærke, at det er utroligt meget billigere at forstærke elnettet til et fåtal af varmeværker og industrielle storkunder end at forstærke stort set hele elnettet. Så det vil være billigere for samfundet at køre på fjernvarme og brintbiler end at lade boligejerne opsætte varmepumper og ladestandere.

Endelig er der os almindelige danskere. Uanset hvad vil der over de næste 10-20 år blive koblet rigtig mange private varmepumper på elnettet, og i det omfang vi anskaffer elbiler, skal der også kobles ladestandere på elnettet. Nu er det ikke ligegyldigt hvor og hvornår sådan noget sker. Hvis en hel vej, der i dag er forsynet med naturgas, sætter varmepumper op ved hvert enkelt hus, og de samtidig får monteret ladestandere, kan elnettet ikke klare det. Så må det forstærkes – vejen graves op og et nyt elkabel lægges ned. Det kan godt lade sig gøre, men hvordan finder vi ud af, at det er dét, der er ved at ske? Det kommer vi ind på i kapitel 14, Den Store Plan.

12. Status på brint

Som det fremgår, så kommer vi ikke udenom brint. Men hvor er vi egentlig med brint? Er det her, eller er det fugle på taget? Dette kapitel tegner et billede af, hvad der kan lade sig gøre med brint i dag. Den interesserede læser kan finde masser af eksempler på brintprojekter på Internettet, og der kommer nye til hver måned. Det går rigtig stærkt i disse år.

EU-kommissær Frans Timmermans har i et interview med Handelsblatt 3/2-2020 udtalt, at EU vil satse på brint. Frans Timmermans ser en mulighed for, at EU kan blive verdensledende på implementering af brint i samfundet, fordi vores infrastruktur i EU er verdens bedste. Det bemærkes, at vores omfattende fjernvarmesystemer giver Danmark mulighed for at være helt i front.

EU har lavet en brintstrategi. Det samme gør flere og flere EU-lande. Holland vil have 300.000 brintbiler i 2030. Det er ikke så mange regnet i procent af deres bilpark, men det er et stort antal.

I Nordtyskland nær Bremen har to brinttog som nævnt kørt i daglig drift på en 100 km lang banestrækning siden september 2018. I 2021 indsættes yderligere 14 tog fra leverandøren, franske Alstom[33]. Togene kan køre op til 140 km/t og har en rækkevidde på 1000 km svarende til en fuld dags drift.

I området omkring Frankfurt har det lokale transportselskab bestilt 27 brinttog til indsættelse i lokaltrafikken frem til 2022[34].

---

33 https://tl.dk/om-os/fagbladet-teknikeren/artikler/verdens-foerste-brinttog-sluppet-loes-i-tyskland/

34 https://ing.dk/artikel/verdens-stoerste-flaade-brinttog-skal-koere-frankfurt-tre-aar-226224

Det anføres, at togdriften vil blive 40% dyrere end tilsvarende dieseldrift. Delstaten vil betale differencen.

Tyskland har annonceret, at man vil satse massivt på brint. Der arbejdes i øjeblikket på en brintstrategi i 9 regioner, hvor der vil blive opstillet brintstationer langs vejnettet[35]. De forhandler med flere afrikanske lande om import af grøn brint, som grundet lokale sol- og vindforhold kan produceres billigere i Afrika end i Tyskland[36].

På Iveco's fabrik i Ulm i Tyskland vil der blive produceret nul-emissions sættevogne, i første omgang batteri-elektriske køretøjer, og fra 2023 også brintkøretøjer[37].

20. januar 2020 indsatte firmaet ASKO 4 brint-lastbiler til distribution af dagligvarer til supermarkeder i Norge[38].

I perioden 2019-2023 skal Hyundai levere 1000 brint-lastbiler til det schweiziske selskab H2 Energy[39].

I Sydkorea har Hyundai-Glovis annonceret opbygningen af en komplet forsyningskæde for brint, fra produktion til distribution[40].

NEL Hydrogen A/S i Herning (et datterselskab af norske NEL, som er udsprunget af Norsk Hydro) leverer brint-tankstationer,

---

35 https://brintbranchen.dk/tyske-regioner-paa-brint/

36 https://ing.dk/artikel/tyskland-vil-importere-groen-brint-afrika-232162

37 http://www.mynewsdesk.com/dk/iveco/pressreleases/nikola-tre-skal-produceres-i-ulm-i-tyskland-2971149

38 https://brintbiler.dk/fire-brintlastbiler-indviet-i-norge/

39 https://www.energate-messenger.ch/news/191032/h2-energy-und-hyundai-gruenden-joint-venture

40 https://fuelcellsworks.com/news/hyundai-glovis-builds-hydrogen-supply-chain-optimization-platform-for-hydrogen-logistics/

blandt andet til USA[41]. NEL er også med i Ørsteds projekt om en ny brintfabrik i Avedøre[42]. Der er tale om et samarbejde med blandt andre Everfuel. Projektet har fået tilsagn om EU-støtte på 34,6 mio kr til et demonstrationsanlæg. Everfuel har ansvaret for distribution, herunder opbygning af et netværk af brint-tankstationer i Danmark. NEL har ansvaret for elektrolysedelen. NEL har knap 100 års erfaring med elektrolyseanlæg[43]. Everfuel har afgivet ordre på 6 tankbiler, der skal distribuere brint[44].

Japan satser også stærkt på brint[45] og har som mål at have 40.000 brintbiler og et trecifret antal brintbusser[46] kørende i 2020. De forhandler med regioner i det sydlige Australien om import af grøn brint. Toyota har været førende på serieproducerede brintbiler siden starten i 2016. De arbejder i dag sammen med BMW.

Ørsted har i samarbejde med Siemens-Gamesa fået et tilskud på 37 mio kr til etablering af en vindmølle med eget brintanlæg på havet. Brinten skal sejles i land, og brintanlægget kører på havvand, der afsaltes som en del af anlægget.[47] Overskudsvarmen kan ikke udnyttes, men man forventer alligevel, at brinten vil være konkurrencedygtig i forhold til naturgas.

---

41 https://ekstrabladet.dk/biler/fra-su-til-kaempe-ordre-fire-jyder-skal-levere-tankstationer-til-hele-californien/6555578

42 https://ing.dk/artikel/oersted-bygger-brintfabrik-ved-avedoere-231081

43 https://nelhydrogen.com/hydrogen/

44 https://www.everfuel.com/wp-content/uploads/2020/11/201111_SER_Everfuel_Hexagon.pdf

45 https://www.japan.go.jp/tomodachi/2016/spring2016/tokyo_realize_hydrogen_by_2020.html

46 https://www.gasworld.com/japan-expected-to-have-80-hydrogen-buses-/2018319.article

47 Ørsted og Siemens Gamesa modtager 37 millioner til brintproduktion på havet - Leder IDAG

I Skandinavien arbejder projektet "Nordic Hydrogen Corridor"[48] på at etablere et netværk af brint-tankstationer, der binder Skandinavien sammen med det centraleuropæiske netværk af brint-tankstationer.

NortH2-projektet i Holland sigter mod at producere 4 GW integreret offshore-vind-til-grøn-brint i 2030 og 10 GW i 2040[49]. Norske Equinor er en del af konsortiet bag.

Projektet Green Hydrogen Hub Denmark undersøger mulighederne for at bygge verdens største brintproduktionsanlæg og lagre brinten i tømte saltkaverner i Jylland[50].

Der er massevis af andre eksempler på Internettet. Brintsamfundet er her. Brint vil være dyrere end benzin og diesel i en periode, men samfundet kan gøre meget for at accelerere udviklingen gennem diverse støtteordninger.

På konferencen "Nordic Views on New Energy Storage Technologies", som DI var værter for 19. september 2019, inviterede Norge, som har forsket i og udviklet elektrolyse og brintlagring siden 1930'erne, de Skandinaviske lande til et samarbejde om udvikling af produkter til elektrolyse og brintlagring. Motivationen er, at de nordiske lande hver for sig ikke har kapacitet til at konkurrere med de store spillere på verdensmarkedet, men at vi gennem en fælles indsats er store nok til at kunne tage en del af det hastigt voksende marked for

---

48 https://fuelcellsworks.com/news/cleaner-transport-in-the-nordic-region-with-hydrogen-initiatives/

49 Equinor joins Europe's biggest green hydrogen project, the NortH2-project - equinor.com

50 Ny dansk brint-klynge vil lagre brint i tømte jyske saltkaverner - Energy Supply DK (energy-supply.dk)

løsninger i brintsektoren. Regeringen opfordres til at modtage denne invitation hurtigst muligt og kanalisere en væsentlig del af forskningsmidlerne over i dette samarbejde.

13. Konklusioner

Vi kommer ikke udenom brint
til lagring af energi

I kvarterer med etagebyggeri skal
personbiler køre på brint

Balancen i elnettet er det afgørende
kriterium i omstillingen af samfundet

Brintteknologien er her. Det er et politisk
valg, om vi vil gå med nu eller
blive sat af udviklingen

Der skal bygges brintanlæg ved kraft- og varmeværkerne, så energitabet i brintanlæggene kan nyttiggøres i fjernvarmen

Landbruget skal omstilles til bæredygtig drift med et balanceret husdyrhold, økologisk og uden import af foderstoffer. De store brug skal splittes op, og ejerskabet skal bredes ud til de bønder, der dyrker jorden

14. Den Store Plan

Kapitel 13 viser de 6 vigtigste konklusioner, vi kan udlede af det ovenstående. De kommer til at styre udviklingen, hvad enten vi vil det eller ej. Der er ikke noget, der forhindrer os i at gå imod konklusionerne, men det vil føre til en lang række fejlinvesteringer, ligesom for eksempel omstillingen af kraftværkerne til at køre på træflis og købet af IC4-togene var fejlinvesteringer.

Vi kan overlade udviklingen udelukkende til markedskræfterne og det frie initiativ. Der er bare ikke nogen grund til at tro, at det vil hjælpe os. Det er præcist markedskræfterne og det frie initiativ, der har ført os hertil, hvor vi er i dag. Ikke at gøre noget er at lade denne udvikling køre videre, og det er med garanti en katastrofekurs. Det kan blive fint for en lillebitte elite, men for langt de fleste af os vil det blive en katastrofe.

I det følgende antages, at der kan skabes enighed om at tage konklusionerne til efterretning og forholde os bedst muligt til situationen.

Hvad er så bedst muligt?

Vi står overfor de største forandringer i Danmarkshistorien, og vi har kun 30 år at løbe på. At gennemføre så fundamentale forandringer er kun muligt, hvis vi starter med at lægge en plan. Regeringen er i fuld gang med at lave en klimahandlingsplan. Det er godt, men det skal være den rigtige klimahandlingsplan. Den skal dække hele vejen frem til 2050, og den skal være så konkret, at den kan bruges til at styre efter. Det er ikke afgørende, hvordan den bliver struktureret, så længe indholdet er korrekt. I det følgende gives en række input til, hvordan forskellige områder af samfundet skal håndteres.

Når planen udformes, skal vi hele tiden tænke systemisk.

Et generelt pejlemærke skal være balancen i elnettet.

Timingen er afgørende.

Det nytter ikke at bygge brint-faciliteter ved et varmeværk, hvis der ikke er kapacitet i elnettet til at føre den nødvendige strøm frem. Eller sætte varmepumper og ladestandere op på en villavej, hvis elnettet bryder ned.

Vi kommer fra en tid, hvor det stod enhver frit at få sat en ladestander op på egen grund, og hvor man langt hen ad vejen havde frihed til at vælge sin opvarmningsform. I takt med, at vi nærmer os det fossilfrie samfund mere og mere, bliver det nødvendigt at indføre mere og mere regulering af den enkelte borgers brug af energi. Det er ikke en tanke, der kan forventes at vække begejstring ret mange steder, men det er nødvendigt, hvis vi skal være sikre på, at alle kan få strøm nok, uden at det bliver helt urimeligt dyrt.

Reguleringen vil først og mest synligt ramme boligopvarmning og transport. Omstilling af oliefyr til varmepumper og naturgasområder til fjernvarme skal følge en detaljeret plan, hvor udskiftningerne er fastlagt i tid og nøje afstemt med udbygningen af elnettet. Bilister vil fortsat have frihed til at købe en brintbil, uanset hvor de bor, men der bør indføres et øjeblikkeligt stop for opsætning af ladestandere, både på offentlig og på privat ejendom. Det skal herefter vurderes område for område, om elnettet har kapacitet til at levere strøm til elbiler i området. Hvis der er kapacitet nok i et område, kan begrænsningen på opstilling af ladestandere ophæves i området. Hvis der for eksempel er kapacitet til, at 30% af beboerne kan få en ladestander, er det en politisk beslutning, om man vil favorisere dem, der kommer først – på bekostning af alle de andre. Det kan potentielt påvirke værdien af ejendommen, hvis der er en ladestander, så man kan forestille sig et scenarie, hvor folk anskaffer en ladestander uden at anskaffe en elbil alene for at sikre eller forøge værdien af deres ejendom. Det er naturligvis uønsket. I karré-kvarterer med lejlighedsbyggeri skal der ikke sættes ladestandere op, da det er umuligt at finde egnede arealer, og det vil gøre byen utilgængelig for andre end beboerne med elbiler, hvis alle parkeringspladser reserveres til opladning af elbiler.

Det går mod den for tiden gældende politik at lægge hindringer i vejen for udbredelse af elbiler, men det er desværre nødvendigt. Vi kan ikke have et ubegrænset forbrug på et begrænset elnet. Hvis vi fortsætter som nu, og elbilerne bliver en kæmpesucces, risikerer vi at stå overfor Danmarkshistoriens største gravearbejde, hvilket vil få elprisen (og trængselsomkostningerne) til at eksplodere til stor skade for samfundet. Så det bedste, vi kan gøre lige nu, er at genindføre fuld registreringsafgift for elbiler. Det vil automatisk sætte salget i stå, og så kan vi åbne igen senere på en intelligent måde, der ikke påfører elsektoren unødige omkostninger. Hvis brintbiler fortsat friholdes for registreringsafgift, vil det give brintbilerne en konkurrencefordel i forhold til elbiler, og det vil naturligt medføre et øget salg af brintbiler, hvilket er i samfundets interesse.

Nu vil den opmærksomme læser måske spørge, hvordan vi skal sikre den løbende fornyelse af bilparken, hvis der er kvoter for både elbiler og brintbiler. Hertil er at sige, at vi er nødt til at kunne skaffe energi til de biler, der sælges. Der skal være brint nok, og der skal være tilstrækkelig strøm i ladestanderen. Hvis der ikke er kvoter til at dække hele efterspørgslen efter nye biler, må folk enten købe benzinbiler eller levetidsforlænge deres gamle bil.

Det er også et politisk valg, hvad folk skal betale, hvis samfundet tvinger dem til at gå fra oliefyr til varmepumpe eller fra naturgas til fjernvarme. Det samme gælder industrien, landbruget og alle andre sektorer, der får øgede omkostninger på grund af omstillingen.

Når det kommer til den praktiske gennemførelse af den grønne omstilling, må det starte med en stor plan, der dækker hele landet, alle energiforbrugende sektorer og hele perioden frem til 2050.

Vi kender udgangspunktet. Elselskaberne har en detaljeret registrering af elnettet og hvor stor en effekt, hver eneste elforbruger kan trække fra nettet, herunder den præcise placering af hver eneste ladestander. Vi kender produktionskapaciteten (kraftværker, kraftvarmeværker, vindmøller, solcelleanlæg) og hvor hver enkelt producent er koblet på elnettet. Vi kender placering og kapacitet i højspændingsnettet, der kan transportere meget store mængder elektricitet på tværs af landet og ind i og ud af landet. Alle ændringer skal indberettes til elselskaberne, og væsentlige ændringer skal planlægges, godkendes og varsles i god tid. Alt dette er baggrunden for, at der altid er strøm i kontakterne hjemme i vores boliger og arbejdspladser, gadebelysning med videre. Vi kender også opvarmningsformen i hver eneste bolig, og vi kender industriens og landbrugets nuværende forbrug af strøm.

Hvis vi prøver at tænke frem til 2050, vil hele samfundet være baseret på el og brint, bortset fra et fåtal af benzin- og dieselbiler, der endnu ikke er skrottede, men som har en kort restlevetid, med mindre de bliver bevarede som veteranbiler. Vi vil have en indenlandsk brintproduktion, der dækker brintbehovet i samfundet og en lagringskapacitet for brint, der er stor nok til at udjævne de årstids- og vejrbetingede udsving i produktionen af el. Naturgas til boligopvarmning vil være erstattet af fjernvarme, og oliefyr vil være erstattet af varmepumper. Brintanlæggene vil være placeret i tilslutning til fjernvarmecentralerne. Industriens overskudsvarme vil ligeledes være nyttiggjort i fjernvarmesystemerne i det omfang, det overhovedet er muligt.

Vi véd, hvor fjernvarmecentralerne er i dag, og vi kan hurtigt danne os et billede af, hvor der vil komme nye: i de nuværende naturgasområder. På disse steder skal vi bygge brintfaciliteter. De kan også bygges, hvor vindmøllestrømmen føres i land, eller til havs, på kunstige energiøer. I så fald kan overskudsvarmen ikke nyttiggøres, så det skal kun gøres, hvis vi ikke kan finde tilstrækkeligt mange egnede steder til brintproduktion i tilslutning til fjernvarmeområderne.

Vi kan også lave prognoser for energibehovet i samfundet. Man kan for eksempel operere med tre scenarier med lille, middel eller stor ændring i energibehovet. Scenarierne kan påvirkes af ændringer som for eksempel energirenovering af boliger, hvilket vil føre til et fald i varmebehovet. Energirenovering af boliger er en rigtig god ide, og vi bør hurtigst muligt lave lovgivning og tilskudsordninger, der sætter mere fart i energirenoveringen.

Når vi har disse prognoser, kan vi planlægge opbygningen af kapaciteten i det samlede brintsystem og hermed også bestemme hvor meget brint, der skal være til rådighed til forbrug, år for år. Ud fra denne mængde kan vi fastlægge den årlige udvidelse af de brintforbrugende elementer i samfundet, først og fremmest transportsektorens omstilling til brint. Vi kommer således ikke udenom at sætte kvoter for, hvor mange brintbiler, der må (og skal) sælges år for år.

Vi er nødt til at få opbygget et finmasket netværk af brinttankstationer. Det kan gøres på de nuværende benzinstationer, idet benzinstandere gradvist udskiftes med brintstandere i takt med, at brintbilparken vokser. Der er grund til at tro, at energiselskaberne vil foretage denne udskiftning og dække omkostningerne, formentligt endda uden offentligt tilskud. Det er deres forudsætning for at kunne operere i Danmark, når omstillingen er gennemført.

Nu er der sikkert mange, der tænker, at alt dette smager mere end godt er af sovjetiske femårsplaner og overregulering. Vi lever i en politisk virkelighed, der ikke altid stemmer overens med vores tekniske virkelighed. Den ovenfor beskrevne vej er udtænkt fra en teknisk synsvinkel og vil sandsynligvis være den billigste vej frem mod målet om et fossilfrit Danmark i 2050. Men der er stærke kræfter i samfundet, der vil argumentere for et større råderum for markedskræfterne og det frie initiativ. Når vi står i 2050 og kigger tilbage på de sidste 30 års udvikling, vil det sikkert ikke være den hér beskrevne vej, vi har fulgt. Men det er under alle omstændigheder katastrofalt at overlade udviklingen til det frie initiativ og markedskræfterne. Regningen for den grønne omstilling ville blive skyhøj, og den ville ramme helt vilkårligt i samfundet. Så vejen frem ligger sikkert et sted ind imellem det her beskrevne og den ustyrede og tilfældige udvikling.

Denne bog giver sig derfor ikke ud for at være en facitliste, en drejebog, som politikerne kan følge, og så lever alle lykkeligt til deres dages ende. Den er snarere en rå skitse og et bidrag til at forstå, hvilke handlemuligheder, vi har, og herudfra beslutte, hvilken grad af solidaritet vi vil praktisere som samfund. Vi har muligheden for at fordele omkostningerne ved den grønne omstilling solidarisk i samfundet – eller lade omstillingen være en fest for et lille fåtal på flertallets bekostning.

At der kan være stor afstand mellem den politiske og den tekniske virkelighed kan ses af, at regeringen har meldt ud, at den grønne omstilling ikke må koste arbejdspladser, nedgang i den økonomiske vækst eller øget ulighed. Hvordan det tredje krav kan spille sammen med de to første står hen i det uvisse. Regeringen ønsker, at Danmark skal være et foregangsland, og det mener de ikke, vi kan blive, hvis den grønne omstilling koster noget. For hvem vil så følge efter os?

Det lyder jo besnærende, men det har desværre ikke ret meget med virkeligheden at gøre. Den grønne omstilling er ikke gratis. Vi taler om Danmarkshistoriens største investeringsindsats, og den skal gennemføres på 30 år. Selvfølgelig koster det penge. Masser af penge.

Men hvis vi gør det rigtigt og sætter hurtigt i gang, har vi mulighed for at udvikle produkter og løsninger, der kan eksporteres til resten af verden. På den måde kan den grønne omstilling blive en god forretning, ligesom vindmøllerne. Men det tog 30 år, før vindmølleudviklingen begyndte at give overskud. Det samme vil selvfølgelig være tilfældet med den grønne omstilling. Ved at sætte aktivt ind hurtigt har vi muligheden for at få en god forretning ud af det. Hvis det ikke må koste noget, sker der ikke nok eller ingenting, og så kan vi kigge i vejviseren efter eksportindtægter. Så skal vi tværtimod betale for indkøb af andre landes energiløsninger. Så vi har alle sammen en interesse i, at det faktisk koster noget. Hvis resten af verden så ikke vil følge os, er der ikke noget at gøre ved det. De skal nok komme tilbage, når de opdager, at dét, vi gør, virker.

Den første klimahandlingsplan skal kun dække perioden frem til 2030. Det kan være praktisk, når det handler om at lægge en operationel plan, der i praksis kan bruges til at styre udviklingen. Men som det fremgår af det ovenstående, er vi nødt til at starte med at lægge nogle meget store pejlelinier for udviklingen ud. Vi må vide – også efter 2030 – hvor vi er på vej hen. Ellers risikerer vi at styre ud af kurs og ende med en zigzag-kurs, som under alle omstændigheder vil være dyrere end den direkte vej mod målet.

15. Regeringens klimapartnerskaber

Regeringens 13 klimapartnerskaber har medio marts 2020 afleveret deres afrapporteringer med anbefalinger af tiltag, der kan bidrage til at nedbringe Danmarks CO2-udledning til 70% af 1990-niveauet i 2030. I dette kapitel refereres nogle vigtige konklusioner fra de rapporter, der i højeste grad overlapper med afgrænsningen af nærværende bog. Konklusionerne kommenteres og sættes i relation til bogens anbefalinger.

Klimapartnerskaberne har haft en bunden opgave: at anvise veje til, hvordan hver sektor kan bidrage forholdsmæssigt til Danmarks CO2-reduktionsmål på 70% i 2030 på en måde, der er økonomisk neutral. Den korte tidshorisont og forankringen i den økonomiske virkelighed lægger naturlige begrænsninger på spændvidden af de foreslåede virkemidler. Perspektivet i nærværende bog har været at anvise tekniske løsninger, der kan gøre Danmark CO2-neutralt i 2050. I det foregående er der argumenteret for, at vi er nødt til at have nogle pejlemærker for 2050 for at undgå kortsigtede løsninger, som på langt sigt er uhensigtsmæssige. Dette perspektiv er delvist fraværende i klimapartnerskabernes arbejde. Derfor kan nærværende bog med fordel ses som et supplement til klimapartnerskabernes rapporter.

Rapporterne indeholder mange anbefalinger omkring økonomiske incitamenter som tilskud og afgiftsjusteringer. Da dette ikke er fokus for nærværende bog, vil de ikke blive omtalt nedenfor.

15.1 Energi- og forsyningssektoren

Energi- og forsyningssektoren sigter mod en fuld omstilling til grøn energi i 2030. Produktionskapaciteten for både land- og havvind skal mere end fordobles, solcelleproduktionen skal 7-dobles og biogas-produktionen skal 3-dobles. Boligopvarmning med naturgas skal udfases, og elnettet skal forstærkes til at kunne distribuere dobbelt så meget strøm som i dag. Forsyningssikkerheden skal tilgodeses ved at bygge flere højspændingsforbindelser til vores nabolande og ved "tiltag, som understøtter forsyningssikkerheden, når der er mindre elproduktion fra fleksible energikilder", hvilket vel må tolkes som energilagring? Endelig skal der laves infrastruktur til understøttelse af "Power-to-X", fremstilling af brændstoffer (brint og andre elektrofuels) ud fra elektricitet.

"Et nyt partnerskab mellem privatsektor, regering og Folketing skal sikre de nødvendige investeringer og den nødvendige politik, der kan lede Danmark til 70% reduktion i 2030 og fuld klimaneutralitet i 2050". Der peges på, at en sådan "national klimastrategi" er en forudsætning for at få alle aktører til at foretage de investeringer og gennemføre de forandringer, der er nødvendige. Man ser hér frem mod 2050.

Energi- og forsyningssektoren vil med disse tiltag kunne reducere CO2-udledningen fra 13 mio ton i 2019 til 1 mio tons i 2030.

Rapporten kommer godt omkring mange af de væsentligste problemstillinger, men er meget fåmælt om lagring af energi, som forfatteren af denne bog ser som en nøglefunktion i fremtidens energisystem. Der lægges op til en betydelig overkapacitet af havvind og en udveksling med nabolandene for at udjævne svingningerne i elfremstillingen. Det kan blive meget dyrt eller endog umuligt, for nabolandene har typisk det samme vejr som os. Så har de også underskud af grøn strøm, når vi har det, og så stiger elprisen – hvis der overhovedet er el at købe. En sådan strategi vil gøre os stærkt afhængige af vores nabolande, og vi må formode, at de i en mangelsituation vil varetage deres egne interesser snarere end vores. Det er forfatterens opfattelse, at der ligger en meget stor risiko i denne strategi. Vi er nødt til at have et samfund i energimæssig balance - herunder at kunne lagre den nødvendige mængde energi i form af brint indenlands.

Rapporten er heller ikke særlig konkret omkring omlægningen af naturgas til fjernvarme, en opgave, som vi véd skal udføres, og som vi kan sætte i gang med det samme.

15.2 Transportsektoren

15.2.1 Landtransport

Partnerskabet for landtransport omhandler al landtransport bortset fra personbiltransport. Den forrige regering nedsatte i februar 2019 en kommission, der skal anvise veje til grøn omstilling af personbiltransporten[51] ("Eldrup-kommissionen"). Denne kommission har leveret delrapport 1 om afgiftsstrukturer september 2020 og skulle efter planen levere delrapport 2 om infrastrukturen til understøttelse af elbiler ved årsskiftet 2020/2021. Da systemisk analyse er en nødvendighed for at nå frem til de bedste beslutninger, kan det undre, at denne kommission ikke er nedlagt eller flettet sammen med klimapartnerskabet for landtransport. Indtil delrapport 2 fra Eldrup-kommissionen foreligger, må vi altså afvente kommissionens bud på håndtering af et stort og væsentligt delområde under landtransport, der igen er et delområde under den grønne omstilling.

Klimapartnerskabet for landtransport peger på en forøgelse af iblandingen af bioethanol i dieselolien. Dette vil udgøre det

---

[51] https://www.fm.dk/nyheder/pressemeddelelser/2019/02/regeringen-nedsaetter-kommission-for-groen-omstilling-af-personbiler

største enkeltbidrag til landtransportsektorens CO2-nedbringelse, men rapporten forholder sig ikke til, om det iblandede bioethanol er bæredygtigt, eller om man blot flytter CO2-udledningen over i en anden sektor. Rapporten forholder sig heller ikke til, om det organiske materiale, som bioethanolen er lavet af, kunne have været anvendt til fødevarer eller foderstoffer, eller om det areal, der er benyttet til dyrkning af det organiske materiale kunne have været brugt til dyrkning af fødevarer eller foderstoffer.

Partnerskabet ser også en mulighed for at benytte electrofuels men ser det ikke komme i nævneværdigt omfang før 2025. Da elektrofuels laves ved opformering af brint, vil de altid være dyrere i indkøb end brint, og det er et spørgsmål, om det nogensinde kommer så langt ned i pris, at det er et realistisk alternativ til brintkøretøjer.

Partnerskabet forestiller sig, at alle landets taxier er CO2-neutrale i 2025 og anbefaler, at der laves en national strategi for opstilling af ladestandere. Det er ikke en anbefaling, forfatteren af denne bog støtter op om. Taxier skal køre på brint.

15.2.2 Skibsfart

Klimapartnerskabet Det Blå Danmark peger på, at regulering sker og fortsat skal ske gennem IMO, den Internationale Maritime Organisation. Visionen er, at dansk skibsfart skal være klimaneutral i 2050, og at det første oceangående 0-emissionsskib skal være i fuld drift senest 2030.

Klimapartnerskabet forventer, at 87% af de investeringer, der er forbundet med den grønne omstilling skal ske i form af landanlæg i tilslutning til havnene. Da skibsfarten ikke selv producerer energi, skal den via landanlæggene knyttes sammen med den øvrige energiinfrastruktur i de havne, der anløbes. Det vil få væsentlig betydning i de store havnebyer – København, Århus, Ålborg, Esbjerg, men også mindre byer med fiskerihavne som Hanstholm, Hirtshals, Thyborøn og Frederikshavn vil blive berørt. Det står hen i det uvisse, hvordan og på hvilke betingelser havnefaciliteterne i udenlandske havne kan blive ombygget.

15.2.3 Luftfart

Klimapartnerskabet for luftfart anviser en vej til 77% reduktion af indenrigsluftfartens emissioner (indeholdt i de danske reduktionsmål for 2030) og 30% i forhold til 2017-niveauet for udenrigsluftfarten (ikke indeholdt i 2030-målene). Der anvises realistiske indsatser, hvor iblanding af syntetiske brændstoffer udgør en væsentlig del. Finansieringen af merprisen for syntetisk brændstof tænkes realiseret gennem en passagerafgift på 20-30 kr for indenrigsflyvninger. Afgiften dirigeres til en ny Luftfartens Klimafond. Der peges på behovet for koordinering, idet forsyningskæden for syntetiske brændstoffer skal etableres som en forudsætning for iblanding.

Der peges på oparbejdelse af syntetiske brændstoffer dels med basis i biogas fra landbruget, dels ved CO2-fangst fra CO2-tunge industrier som cementfremstilling. Landbrugets bidrag med biogas er usikkert, idet det forudsætter et husdyrhold af en størrelse, der ikke er bæredygtig. CO2-fangst fra røggassen i bl.a. cementfabrikker er til gengæld en rigtig god løsning, idet CO2-fangst er nødvendig, hvis cementindustriens reduktionsmål skal nås. Flyene udleder CO2 igen, når det syntetiske brændstof brændes af, men luftfartens nettoudledning fra syntetiske brændstoffer dannet med CO2-fangst er 0 (bortset fra CO2-udledning ved fremstilling og transport af det syntetiske brændstof).

Der sigtes mod iblanding af 30% syntetisk brændstof. Det maksimalt mulige er med dagens teknologi 50%. Resten er fossilt brændstof, så i 2050-perspektiv er iblanding af syntetisk brændstof kun en overgangsløsning, indtil flyene benytter brint eller batteristrøm som drivmiddel.

Rapporten er meget fåmælt omkring brintfly, selv om der allerede er fremstillet prototyper af sådanne[52]. Forfatteren forventer, at brintfly vil være dominerende i 2050. Danmark kunne levere et vigtigt bidrag til udviklingen ved at etablere en strategisk indsats til fremme af brintfly.

Rapporten er tilsvarende fåmælt om batterifly, der af forfatteren anses for uegnede til længere distancer men måske kan få en plads i forbindelse med indenrigsflyvninger.

15.3 Industri

Klimapartnerskabet for energitung industri anviser 3 hovedkilder til nedbringelse af CO2-udledningen:

- naturgas erstattes med biogas
- fangst og lagring af CO2
- udnyttelse af overskudsvarme i lokale fjernvarmeforsyninger

I de foregående kapitler har forfatteren argumenteret for, at mere biogas ikke er vejen frem. Tværtimod vil de foreslåede forandringer i landbruget medføre væsentligt formindsket biogasproduktion. Det er forfatterens opfattelse, at industrien

[52] https://www.airbus.com/newsroom/stories/these-new-Airbus-concept-aircraft-have-one-thing-in-common.html

skal erstatte gas med el.

Fangst og lagring af CO_2 er dyr, men mulig. Den er dog ikke éntydigt knyttet til den energitunge industri, så med mindre den energitunge industri selv finansierer dette, er der ingen grund til at lave en kobling mellem den energitunge industri og CO_2-fangst eller give den energitunge industri kredit for en indsats udført af resten af samfundet.

Udnyttelse af overskudsvarme i fjernvarmesektoren er en rigtig god ide, og det vil kunne hjælpe den energitunge industri lidt af vejen hen mod klimaneutralitet.

Det kan undre, at klimapartnerskabet ikke har brugt lidt flere kræfter på at undersøge, hvad de selv som industrisegment kan byde ind med, og hvordan de i praksis vil kunne omstille til el.

15.4 Landbrug

Klimapartnerskabet for Fødevare- og Landbrugssektoren præsenterer en lang række af tiltag, der sigter mod CO_2-reduktion. Fælles for tiltagene er, at de skal finansieres af EU, innovationsfonde eller andre offentlige midler. Rapporten tager ikke stilling til det samlede dyreholds størrelse, udpiningen af jorden gennem overgødskning eller landbrugets forurening. Der tages udgangspunkt i et landbrug, som det ser ud i dag. Mange af tiltagene er gode, som for eksempel forsuring af gylle, og det kan undre, at landbruget ikke bare gør det, tilskud eller ej. Det anføres også, at "der arbejdes for muligheden for at anvende de nyeste forædlingsteknikker på europæisk plan med de dertil foretagne risikovurderinger". Skal det forstås derhen, at man ønsker genmodificerede organismer ind ad bagdøren?

Der lægges op til, at 47.000 Ha lavbundsjord udtages af driften og udlægges til skov med videre. En god ide, der straks bør gennemføres.

Rapporten efterlader det indtryk, at vi har verdens bedste landbrug, og at vi bare skal have mere af samme skuffe. Der er meget stor afstand mellem dette og det billede, forfatteren af denne bog tegner af landbruget i kapitel 9. I betragtning af, at landbruget er historisk forgældet, og at det eneste svar, landbruget hidtil har kunnet give på de hyppige kriser og konkurser er mere sammenlægning, mere specialisering og deraf følgende øget følsomhed for konjunkturer, kan det undre, at man ikke har set noget bredere på selve strukturen i landbruget og funderet over, om det ikke var muligt at indrette sig noget bedre. Måske er samfundet villigt til at investere i en omstilling til et bæredygtigt, konjunktur-robust landbrug. Men man kan ikke fortænke samfundet i at være forbeholdent overfor at sætte flere penge i et dybt forgældet landbrug domineret af kapitalinteresser og med stadig mindre beskæftigelse.

15.5 Produktionsvirksomhed

Klimapartnerskabet for produktionsvirksomheder peger på afskaffelse af overskudsvarmeafgiften og elvarmeafgiften. Ligesom flere andre klimapartnerskaber ønsker produktionsvirksomhederne adgang til store mængder biogas – igen et udslag af manglende systemisk tænkning.

Og som flere andre klimapartnerskaber foreslås, at der i offentlige udbud skal indføres krav til totaløkonomi (samlet økonomi i hele den udbudte genstands levetid) og CO2-udledning. Et rigtig godt forslag, der straks kan implementeres.

15.6 Life science og biotek

Klimapartnerskabet Life science og biotek præsenterer blandt andet en bred vifte af produkter til landbruget: enzymer, proteiner med videre. De er i udviklingsfasen og har potentiale til at give massive reduktioner af landbrugets CO2-udledning. Mange af løsningerne sigter mod dyrehold. De skitserede løsninger er eksempler på en lovende udvikling, der foregår lige nu. Løsningerne vil kunne finde anvendelse både i det konventionelle og det økologiske landbrug. Det økonomiske potentiale er enormt, og danske virksomheder er godt rustet til at deltage i udviklingsarbejdet og hente nogle af de gevinster, der kan skimtes i fremtiden. Der peges på potentialet i udnyttelse af genteknologi, men det fremgår ikke, om man vil have genmodificerede organismer ud i "naturen".

15.7 Affald, vand og cirkulær økonomi

I klimapartnerskabet for affald, vand og cirkulær økonomi er det især afsnittene om cirkulær økonomi, der er relevant i forhold til nærværende bog. Cirkulær økonomi og EU's "European Green Deal" handler blandt andet om genanvendelse, producentansvar for og deklaration af produkters holdbarhed og producentansvar for emballage inklusive genbrug af emballagen. Cirkulær økonomi forudsætter international standardisering og vil derfor tage lang tid, men potentialet for CO2-reduktioner er meget stort. Det skyldes primært produkternes øgede holdbarhed, og at genanvendelse af affaldsfraktioner træder i stedet for forbrug af nye ressourcer. Det kræver et paradigmeskift i produktions- og affaldssektorerne og kan blive et vigtigt bidrag til imødegåelse af forbrugskrisen, der omtales i det efterfølgende kapitel 16.

15.8 Konklusion

De refererede rapporter fra klimapartnerskaberne indeholder mange gode tanker og forslag til videre handling. Det er et gennemgående træk, at der ikke i almindelighed er tænkt systemisk. Herved afdækkes effekter af indsatser i én sektor på en anden ikke, og det er meget vanskeligt at tegne et samlet billede af den energiinfrastruktur, vi skal opbygge for at muliggøre visionen om 70% reduktion i 2030 og et emissionsfrit samfund i 2050.

Klimapartnerskaberne har kun haft 4 måneder til at udføre deres arbejde, og i det lys er de kommet langt, men der udestår et stort arbejde, inden vi står med en klimahandlingsplan, der kan bringe os i mål i 2030 og 2050. Først og fremmest mangler der et bredt tegnet billede af, hvordan samfundet skal udvikle sig. Specielt på landbrugsområdet er der meget lang vej til noget, der dels er bæredygtigt og dels kan gennemføres uden massive offentlige investeringer.

Der skal lyde en opfordring til Klimaministeriet: Når I detailudformer klimahandlingsplanen for 2020, bedes I starte med at tegne et meget overordnet billede af, hvor vi skal hen med samfundet som sådan og med den energiinfrastruktur, som er en livsnerve i hele det tekniske setup af samfundet. I kan derefter vende tilbage til klimapartnerskaberne og bede dem om en opdatering af deres rapporter i lyset af de nye pejlemærker. På denne måde kan der skabes sammenhæng i den grønne omstilling på tværs af sektorerne.

Klimaministeriet har den vanskelige og vigtige opgave at tænke systemisk på hele samfundets vegne.

Klimapartnerskaberne opfordres til også at tænke systemisk og herved se ud over deres egne, afgrænsede sektorer.

--- ooo OOO ooo ---

Med disse ord forlader vi nu klimakrisen og vender os mod de to andre kriser, der truer med at sende os ud i et uforudsigeligt kaos. Som det fremgår af indledningen til denne bog, kan den grønne omstilling ikke håndteres uafhængigt af samfundsforholdene, og hér står vi overfor to andre kriser: vores forbrug er langt større end Jorden kan understøtte, og uligheden i Danmark og resten af verden truer med at føre til et sammenbrud i de sociale og demografiske strukturer. Disse to problemer behandles i de følgende to kapitler.

16. Vores forbrug

Danskernes forbrug pr. indbygger er tårnhøjt i international sammenhæng. Jorden er ikke i stand til at gendanne ressourcer i det tempo, vi danskere forbruger dem. Hvis alle mennesker på Jorden havde samme forbrug som danskerne, skulle der over 4 jordkloder til at brødføde os. 22. august 2020 havde Jordens befolkning allerede forbrugt så mange ressourcer, som Jorden gendanner i løbet af hele året – og det var endda 3 uger senere end i 2019 på grund af corona-pandemien. Resten af året tærer vi på Jordens ressourcer og fratager dermed fremtidige generationer muligheder for forbrug. Hvis hele Jordens befolkning havde det samme forbrug som vi danskere, ville denne dag, "Earth Overshoot day", være faldet 28. marts[53]. Det er ikke etisk forsvarligt og vil under alle omstændigheder ende galt. Vi kan ikke have et ubegrænset forbrug på en begrænset planet.

Vores store forbrug fører også til noget nær verdensrekord i produktion af affald pr. indbygger. Vi har afskaffet lossepladserne og bygget affaldsforbrændingsanlæg og deponier i stedet. Den varme, der frigøres ved affaldsforbrænding, nyttiggøres i fjernvarmesystemer. Så langt så godt. Men det giver en stor CO2-udledning til atmosfæren. Affald er i virkeligheden for god en ressource til bare at blive brændt af. EU har i flere år arbejdet for en bedre omgang med affald. Tanken er, at vi skal sortere vores affald i fraktioner, der kan genbruges. EU forudser, at vi om en årrække ender med at nedlægge alle vores affaldsforbrændingsanlæg. Det er en rigtig god og fin tanke. Som nævnt ovenfor har vi i Danmark netop vedtaget en lov om ensartet affaldssortering i hele landet.

---

[53] https://www.msn.com/da-dk/nyheder/udland/pandemien-giver-et-lille-ekstra-%C3%A5ndehul-for-kloden/ar-BB18fyGi

En anden måde at komme af med affald på er at eksportere det. Fra Danmark har vi eksporteret meget store mængder plastaffald til Kina. Det er kommet frem, at en stor del af dette affald blot er blevet sejlet ud på havet og dumpet derude. Det er selvfølgelig helt uacceptabelt, og Kina har da også stoppet importen af plastaffald. Men allerede nu er verdenshavene så forurenede af plastic, at det udgør en fare for havmiljøet. Vi finder plastic i maven på en stor andel af alle fisk og havdyr, der fanges eller skyller i land og obduceres. Plastikken nedbrydes til microplast, som er spredt over alle have på kloden. Plastikken samler sig i store affaldsplamager på størrelse med Sjælland. Sådanne forekomster findes i både Stillehavet, Atlanterhavet og det Indiske Ocean. Indtil videre er der ingen, der gør noget ved det, men situationen er uholdbar. Vi har i rigtig mange år brugt havet som en losseplads, men det holder ikke længere. Som Katherine Richardson siger: Man kan ikke smide plastik væk. Det ender altid et eller andet sted.

Når regeringen forestiller sig, at vi kan opretholde væksten samtidig med, at vi gennemfører den grønne omstilling, giver det befolkningen mulighed for at opretholde eller endda ligefrem øge forbruget. Det er ikke langtidsholdbart.

Vi importerer en rigtig stor del af vores forbrugsvarer. I FN´s klimaregnskab tilregnes CO2-udledningen fra en produktion dét land, hvor produktionen foregår. Når vi har et tårnhøjt forbrug af varer, der er produceret i udlandet, ser det ud som om danskernes CO2-belastning er lille pr. indbygger. Det svarer bare ikke til virkeligheden. Hvis regnereglerne ændredes, så CO2-belastningen tillagdes dét land, hvor varerne forbruges, kunne vi ganske vist fraregne CO2-udledningen fra vores egen eksport, men den dag der skal betales CO2-afgifter af forbruget, vil det gøre det meget svært at skaffe afsætning for Danmarks produktion af kød- og mejeriprodukter. Uanset hvordan vi regner eller tænker på det, er vi nødt til at sænke vores forbrug. Hvad skal vi så med et dogme om fortsat vækst? Hvad skal danskerne bruge de ekstra penge til? Det giver slet ikke mening.

EU-kommissionen har 11/3-2020 fremlagt en plan for såkaldt cirkulær økonomi. Nogle af hovedpunkterne er, at alle produkter skal holde længere, og de materialer, produkterne er lavet af, skal genbruges og dermed holdes aktive i produktionscirklen i stedet for at blive smidt væk eller brændt som affald. Så vi skal til at vænne os til at reparere på ting, der går i stykker. Vi skal også stille krav til producenterne om, at produkterne holdes levende længere. Forfatteren af denne bog har en mobiltelefon fra november 2013. Den fungerer glimrende, men nu er den så gammel, at dagligdags apps som EasyPark og MobilePay ikke kan installeres på den. Skal jeg så bare smide den væk? Nej, vel? Vi skal stille krav til producenterne om en minimum levetid, så vi ikke tvinges til at smide gode produkter ud – og at vi ikke kommer til at smide dårlige produkter ud, fordi de har en så ringe kvalitet, at de går i stykker efter få år.

Hvis ikke vi reducerer vores forbrug til et bæredygtigt niveau, vil det gå galt før eller siden. Nogle ressourcer slipper snart op, for eksempel fosfor, der blandt andet (over-)forbruges i vaskepulver og kunstgødning. Andre kan holde længere. Men der kommer ikke ny fosfor de næste 100.000 år. Menneskeheden bliver før eller siden tvunget til at klare sig uden fosfor, så var det ikke en idé at begynde at bruge det med lidt større omtanke? Og det gælder mange andre ressourcer. Selv om der ikke kommer egentlig knaphed på en ressource i vores levetid, har vi en forpligtelse overfor de kommende generationer.

Klimakrisen er først og fremmest udløst af et overforbrug af olie og gas. Det er nu langt om længe og efter endeløse tovtrækkerier lykkedes at få regeringen til at opgive den 8. udbudsrunde efter olie og gas i Nordsøen.

Kød, og specielt oksekød, er også i søgelyset for tiden, fordi CO2-aftrykket er langt højere end aftrykket fra en tilsvarende vegetabilsk kost eller for den sags skyld svine- eller kyllingekød. Hvis vi reducerer vores kødforbrug, vil det derfor slå igennem på vores CO2-regnskab med det samme, specielt hvis det er oksekød.

Kina har gennem investeringer og aftaler skaffet sig kontrol med en meget stor del af de kendte forekomster af de såkaldt sjældne jordarter, hvoraf mange bruges i fremstilling af computerchips, solcellepaneler, batterier, brændselsceller og andre højteknologiske produkter. Disse stoffer forekommer i meget begrænset omfang på Jorden, og der kan komme knaphed i en ret nær fremtid. Det har potentialet til at forrykke balancerne i international handel og endda til væbnede konflikter.

Konklusionen er, at vi ikke i Danmark kan opretholde vores store forbrug ud i al tænkelig fremtid. Og igen, ligesom med klimakrisen, jo før vi begynder at handle på problemet, des mildere bliver konsekvenserne. Et sted at starte kunne være indførelse af en CO2-skat, som de økonomiske vismænd har foreslået. Vores selvbillede ville også blive forrykket, hvis vi begyndte at lave et nationalt CO2-regnskab, hvor udledningerne fra produkter fremstillet i udlandet samt vores forbrug af træflis og bidrag fra skibs- og luftfart blev regnet med. Så ville det blive meget lettere for den almindelige dansker at erkende, at vi har en forpligtelse til at skære ned på vores forbrug, og at det endda ville være rationelt at gøre det. Vi driver rovdrift på fremtidige generationers forbrugsmuligheder, men vi kan heller ikke regne med, at resten af verden i længden vil acceptere en verdensorden, hvor vores forbrug er så højt i forhold til de fleste andre af klodens beboeres. Det rummer også kimen til fremtidige væbnede konflikter.

Indenfor fødevareområdet kan vi starte med at vænne os til at spise fødevarer produceret i Danmark og følge årstidens forbrugsmuligheder, ligesom vi har gjort det i tusinder af år. Hvorfor skal vi have friske jordbær i januar? Giver det mening at transportere kiwifrugter og avocadoer fra Sydafrika til Danmark? Kunne vi ikke spise kål og andre danske produkter i stedet? Og skulle vi ikke begynde at dyrke vores egne grøntsager i køkkenhaver og kolonihaver igen, sådan som vi har gjort det i masser af år? Vi kan også vente med at skifte ting ud, til de er slidt op. Og vi rejser udenlands, ofte meget langt væk, i stor stil. Hvorfor ikke holde ferie i Danmark eller vores nabolande? Og der er masser af andre gode muligheder. For eksempel investerer EU massivt i at gøre det attraktivt at skifte flyrejsen ud med en togrejse.

17. Ulighed

Klima- og forbrugskriserne hænger uløseligt sammen. De skal løses, men de kan ifølge Katherine Richardson ikke løses, hvis ikke vi samtidig løser problemet med ulighed i Verden. De sidste 20 år er uligheden steget og steget, ikke kun her i Danmark men i hele Verden. Færre og færre enkeltpersoner kontrollerer større og større dele af klodens samlede værdier. Vores verden er indrettet til at belønne grådighed og egoisme. De nordiske lande skiller sig ud ved, at vi gennem skatte- og afgiftssystemerne lægger en dæmper på udbyttet af grådigheden ved at omfordele en stor del af værdierne i samfundene. Det ses som en af de vigtigste grunde til de nordiske landes succes. Grundtvig formulerede det kort og præcist:

Og da har i rigdom vi drevet det vidt, når få har for meget, og færre for lidt.

Ideen om lighed findes også i menneskerettighedserklæringen og i FN's 17 verdensmål.

Alligevel stiger uligheden overalt i Verden. Denne verdens fattige mennesker kan ikke i længden forventes at blive ved med at acceptere de riges – endda stigende – overflod, og det vil kun blive værre i takt med, at klimaforandringer ødelægger menneskers livsgrundlag og -muligheder. Flygtningekrisen i 2015 var et forvarsel om noget, der kan blive meget værre, hvis et stort antal flygtninge igen begynder at bevæge sig mod Europa og andre velstående regioner.

Det er klart, at der må komme en forandring, men hvor skal den komme fra?

Mickey Gjerris har i bogen ”Upraktisk håndbog i lysegrønt håb” i det afsluttende afsnit ”Det lysegrønne håb” givet et bud:

Vælger vi at leve i blind tillid til, at teknologien, erhvervslivet, det politiske system eller bare sådan helt generelt "de voksne" vil løse problemerne, lever vi på en illusion. Der er masser at gøre for alle de førnævnte, men som historien viser, så lader de ikke til at ville gøre ord til handling, før der opstår et pres fra neden, en politisk modstand, der kan tvinge dem til at handle. Det er et urealistisk håb at have, at problemerne vil forsvinde uden din indblanding. Der er kun os til at tage fat. Hvor langt vi er fra at være i nærheden fra at handle bare nogenlunde ansvarligt, kan man se af, at selv vores børn er begyndt at strejke fra deres skole for at råbe os op.

Der er kun os til at tage fat! Men hvordan skal vi tage fat?

Rasmus Willig og Anders Blok giver i bogen ”Den Bæredygtige Stat” et bud. De konstaterer, at hverken velfærdsstaten eller konkurrencestaten har vist sig i stand til at give brugbare svar på klima- og diversitetskriserne. De mener, at vi er nødt til at udvikle en helt ny statsform, som de kalder den bæredygtige stat. En statsform, hvor vi tænker bæredygtighed og økologi ind i alle aspekter af samfundslivet, og hvor ejerskab og indflydelse gives tilbage til borgerne med inspiration fra andelsbevægelsen, som med afgørende succes transformerede vores land for 150-100 år siden. Også de ser fremtiden bygget op om en bevægelse nedefra, med udgangspunkt i den brede befolkning.

Men hvordan kan et meget stort antal mennesker bringes til at forstå, at det er i deres egen interesse frivilligt at give afkald på noget af deres overflod? Hvorfor er naboens og en syrisk flygtnings og en fattig afrikaners liv lige så vigtigt som mit eget? Hvorfor er alle andre arters velbefindende ikke lige så vigtig som menneskenes? Skolebørnene leverer et pres for handling men kan af gode grunde ikke anvise den vej, vi skal gå. Det er ikke dem, der er de voksne.

Det er nærliggende at øge beskatningen. Det vil have den gunstige sideeffekt, at vores forbrug automatisk dæmpes, så det vil også hjælpe på forbrugskrisen. Det kan gøres ved at genindføre mellemskatten og øge beskatningsprocenterne for mellemskat og topskat, men der er også andre muligheder, som for eksempel en øget eller differentieret moms.
De ekstra skatter og afgifter kan gives til de fattigste og mest trængende borgere i Danmark og i verden. Vi kunne for eksempel øge støtten til Syrien, Afghanistan, Irak og Libyen, hvor vi allerede har en forhistorie som krigsførende. Eller de lande, vi importerer foderstoffer til vores husdyrhold fra. Eller lande som Nepal og Bangladesh, der står til at blive hårdt ramt af de klimaforandringer, vores forbrug og CO2-udledning giver anledning til. Også hér er der masser af muligheder.

I lighed med klimakrisen kan Danmark ikke på egen hånd løse ulighedskrisen. I det samlede billede vil vores bidrag kun være lille. Vi har brug for resten af de velstillede lande også. Men i lighed med klimakrisen skal dette ikke afholde os fra at handle.
Hvor skal motivationen til at handle komme fra? Siden 2. verdenskrig har vi vænnet os til (næsten ubrudt) økonomisk vækst og stigende forbrug. De fleste danskere kan i dag tage på rejser til udlandet, har mobiltelefon, køleskab, computer, et flertal har bil, ting der i 1950 slet ikke fandtes eller var forbeholdt de meget, meget rige. Er det ved at være slut?
Ja, det er nødvendigt, og hvis vi ikke forstår det og handler på det, går vi en meget usikker fremtid i møde. Skattelettelserne siden årtusindeskiftet har ført til øget forbrug i den velstillede del af samfundet og en øget ulighed. De velbjergede har fået fordele på de svagestes bekostning. Det er en udvikling, der mærkværdigvis har opbakning i et stort flertal af befolkningen,

selv om den kun er til gavn for et mindretal, og derfor er det svært at ændre. Det er set fra det politiske parnas en tabersag. Forandringen kan kun komme ved et pres fra befolkningen. Her kommer du ind i billedet igen, kære læser.

Det, vi har at gøre med hér, er en etisk problemstilling. Vores demokrati bygger på flertallets holdninger. Gennem hele det 20. århundrede blev velfærdssamfundet opbygget på en grundlæggende, folkelig forståelse for, at samfundet skulle drage omsorg for de svage grupper. Indretningen af vores arbejdsmarked er en balance mellem arbejdsgivere og arbejdstagere. Vi havde en forståelse af, at samfundet var for alle og byggede på et fælles ansvar. Grådighed og egoisme var ikke ukendte fænomener, men samfundet var indrettet til at holde dem i ave.

I dag er stemningen en helt anden. Der er stor usikkerhed i verden, samfundet holder ikke hånden under den enkelte på samme måde som for bare 20 år siden, mange er pressede i deres arbejdsliv og hverdag. Det er blevet legitimt at spørge: "Hvad får jeg ud af det?". Egoismen er fællesskabets modsætning og en trussel mod demokratiet. Da Anders Fogh Rasmussen sagde, at politik handler om at kunne tælle til 90, undergravede han i virkeligheden demokratiet. Demokratiet skal først og fremmest respektere mindretal af enhver art. Flertalsdiktatur er ikke demokrati.

Hvor skal forandringen så komme fra? Hvilke kræfter i samfundet kan bidrage til at løfte opgaven med at gengive danskerne en etik, så vi forstår, at vi er nødt til at give afkald på nogle goder for at bidrage til at mindske uligheden, i Danmark og i Verden?

Folkekirken har med 75% af befolkningen som medlemmer en enestående bredde. De etiske værdier, vi skal have udbredt i samfundet, har et meget stort sammenfald med de kristne, etiske værdier. Men kun få procent af medlemmerne bruger Folkekirken til andet end dåb, konfirmation, bryllup og begravelse. Folkekirken har en 170 år lang tradition for ikke at blande sig i samtidens politiske spørgsmål, og det er måske én af grundene til, at så mange medlemmer ikke opfatter kirkens budskab som relevant i dag. Men det kan ændres. Der er heldigvis kræfter i Folkekirken, der forstår dette og viser, hvordan det kan gøres, som det blandt andet fremgår af domprovst ved Frue Kirke i København, Anders Gadegaards bog "Tro Mod Politik", Forlaget Eksistensen, 2019. Anders Gadegaard ønsker, at Folkekirken skal være "magtløs men ikke magtesløs". Han viser, hvordan det kan praktiseres via en række prædikener i bogens afsluttende kapitel.

Hvem ellers kan bidrage til at ændre danskernes etik på dette punkt? Flere af vores politiske partier bygger på en etisk grundholdning. Det samme gør mange ngo'er, hvor en af de største, Naturfredningsforeningen, arbejder for opretholdelse af biodiversiteten ud fra en etisk holdning. Der er brug for alle gode kræfter, der kan bidrage til den brede befolknings forståelse af deres etiske ansvar og muligheder.

I skrivende stund er det meste af verden og også Danmark i krise på grund af corona-pandemien. Når vi er kommet om på den anden side af pandemien og skal til at bringe vores samfund tilbage til en ny normalsituation, kan man håbe, at et stort antal mennesker har indset, at vi ikke kan forsikre os mod de store omvæltninger, der truer Verden, ved at rage til os, og at den bedste forsikring, vi kan tegne, er lighed i vores samfund og i Verden samt beskyttelse af den natur, vi i sidste ende alle sammen lever af.

18. Efterord

Der er ingen tvivl om, at vi skal handle nu. Mark Lynas skriver i "Our Final Warning. Six degrees of climate emergency" (2020), at vi allerede har ramt 1 grads opvarmning, at det lave Paris-mål på 1,5 grader allerede er udenfor vores rækkevidde, og at det vil kræve en ekstraordinær og øjeblikkelig indsats at holde os på det høje Paris-mål: 2 grader. Med det nuværende tempo styrer vi mod en opvarmning på 3 grader i 2050. Mark Lynas beskriver forandringerne for hver grad temperaturen stiger, fra 1 til 6 grader. Ved 2 grader er den arktiske is smeltet. Ved 3 grader opstår en global fødevarekrise, og Amazon-regnskoven er forsvundet. Herefter bliver det kun værre. Ved 5 grader vil kun polerne være beboelige for mennesker, og ved 6 grader er menneskeheden sandsynligvis helt udslettet. Undervejs vil vi passere et "tipping point", hvor det ikke længere er muligt at vende udviklingen og få temperaturen til at falde. Der er 0,00003% sandsynlighed for, at opvarmningen ikke er menneskeskabt, som klimafornægterne hævder. Klimaskepsis hører i dag kun hjemme i konspirationsteorier.

I 2021 står vi foran at skulle tegne et billede af, hvordan vi kommer frem til en CO2-reduktion på 70% i 2030. Det vil kræve indsatser i stort set alle sektorer i vores samfund, med hovedvægt på transport, industri, landbrug og el- og varmeforsyning. Ingen enkeltpersoner har specialviden på alle de områder, omstillingen berører. Vi har mange dygtige specialister, der på videnskabelig basis kan bidrage til hver deres område, men ingen generalister kan selv have specialviden om det hele. Denne bogs forfatter er ingen undtagelse: Civilingeniør, mange års erfaring fra anlægsområdet, nu pensioneret med god tid til at beskæftige sig med grøn omstilling. Denne bog er ikke en videnskabelig afhandling men en generalists erfaringer og betragtninger.

Bogen indeholder også mange udokumenterede påstande og data. Det vil være op til dem, der bruger bogen, at fremsøge eller supplere dokumentation i det omfang, de måtte ønske det. Forfatteren har i fodnoter til teksten angivet referencer til kilder i form af internet-links, som illustrerer, hvor forfatteren har hentet sin information, men det er ingen garanti for, at informationen er 100% korrekt. Forfatteren har bestræbt sig på at være så præcis og konkret som muligt men kan ikke garantere, at der ikke forekommer fejl. Det skal bemærkes, at forfatteren er uafhængig af såvel politiske som økonomiske interesser og arbejder helt og holdent af interesse for sagen.

Bogen er holdt i et sprog, der kan forstås uden særlige faglige forudsætninger. Fagtermer har ikke helt kunnet undgås, men forfatteren har bestræbt sig på at holde bogen i et alment og let tilgængeligt sprog.

Der er ikke én sandhed og én vej at gå, frem mod det fossilfrie samfund. Forfatteren har skitseret en vej, der er farbar teknisk og etisk, men det er ikke ensbetydende med, at den er farbar politisk. Læseren bedes således betragte bogen som et idekatalog snarere end en fiks og færdig drejebog for den grønne omstilling.

Og til slut et vigtigt spørgsmål, der sætter hele bogens indhold i et perspektiv: Hvad vil det koste, hvis vi ikke omstiller os til et grønt samfund? Da resultatet ville blive et klima-betinget sammenbrud i alle hidtil kendte strukturer, vil det med overvældende sandsynlighed koste meget mere IKKE at handle.

Tak

Denne bog er blevet til på baggrund af samtaler og samarbejde gennem de seneste år med mine gamle venner og studiekammerater fra Danmarks Tekniske Universitet Asger Høeg og Lars Henrichsen samt min gode ven, læge Søren Klebak, som gennem mangeårig politisk involvering har et bredt kendskab til forholdene i samfundet og de politiske processer. Der skal lyde en stor tak til alle tre for intensiv sparring og ikke mindst for gode og velbegrundede kommentarer, der har haft stor betydning for kvaliteten og læsbarheden af den foreliggende tekst.

Rungsted Kyst, januar 2021
Sten Melson